上海城市公共艺术发展趋势研究

何小青　王燕斐　主编

上海大学出版社
·上海·

图书在版编目(CIP)数据

上海城市公共艺术发展趋势研究／何小青，王燕斐主编．—上海：上海大学出版社，2019.12
ISBN 978-7-5671-3746-2

Ⅰ.①上… Ⅱ.①何… ②王… Ⅲ.①城市景观—研究—上海 Ⅳ.①TU-856

中国版本图书馆CIP数据核字（2019）第255500号

本书由上海文化发展基金会图书出版专项基金、上大社·锦珂优秀图书出版基金资助出版

编辑／策划　徐雁华　江振新
封面设计　缪炎栩
技术编辑　金　鑫　钱宇坤

上海城市公共艺术发展趋势研究
Shanghai Chengshi Gonggong Yishu Fazhan Qushi Yanjiu
何小青　王燕斐　主编
上海大学出版社出版发行
（上海市上大路99号　邮政编码200444）
（http://www.shupress.cn　发行热线021-66135112）
出版人　戴骏豪

*

南京展望文化发展有限公司排版
江苏凤凰数码印务有限公司印刷　各地新华书店经销
开本710mm×1000mm　1/16　印张12　字数145千
2019年12月第1版　2019年12月第1次印刷
ISBN 978-7-5671-3746-2/TU·018　定价58.00元

序

公共艺术是世界当代艺术发展的一种趋势，它使公共空间的艺术与社会公众产生相互影响，体现着公共空间民主、开放、交流、共享的一种精神和态度。伴随中国经济发展与城镇化进程的加快，城市空间和公共艺术关系的价值、理念也在发生深刻的变化。

上海是中国最早开埠的城市之一，西方殖民者将设置纪念碑和纪念雕像的传统带进了上海，使上海成为近代我国最早在城市公共空间中设置艺术作品的城市之一。中华人民共和国成立后，上海城市公共艺术建设进入新的历史阶段，城市雕塑建设以传承革命传统、增强城市文化气息为主要特征。进入20世纪90年代，上海城市建设和公共艺术以从未有过的速度迅猛发展，多项与上海城市公共艺术发展相关的政策亦相继颁布。

我于1998年率先在国内提出公共艺术是21世纪朝阳学科的理念，上海大学上海美术学院在公共艺术方面进行了大量的理论探索与实践。上海轨道交通空间内85%的壁画作品、上海一半以上的城市雕塑均出自上海大学上海美术学院。"都市美院"是上海大学上海美术学院的发展定位，在专业设置、人才培养和学科建设方面密切结合城市发展诉求，力争为上海城市发展和公共产品服务做出历史性贡献。美院拥有上海市人文重点学科公共艺术创作中心，作为教师的科研平台，负责筹划和管理跨专业教师与社会、企业协作完成科研项目。该平台组织完成了上海地铁1、2、4、6、7、8、9、13号线等多条地铁线的壁画、环境空间设计和整个轨道网络的视觉形象设计，参与了2010年上海世博会主题策划，包括中国馆在内的多个场馆的主题演绎，承担了上海世博会博物馆和宝山区国际民间艺术博览馆的总体设计。本书作者何小青是公共艺术创作中心的教授，长期从事公共艺术理论和实践研究，在美院科研平台的推动下，独立完成了上海世博会"德中同行"竹展馆室内展示设计、上海市教委项目"崇明岛社区规划中的生态景观对策与技术研究"、上海市城市规划院课题"上海青西郊野公园艺术规划"和"上海嘉定新城文化艺术规划"。作者以上海城市公共艺术发展及未来发展趋势为研究对象，体现了作者"关注都市发展、关注当代艺术"的学术视野和艺术情怀。

公共艺术是以艺术的语言、方式方法解决公共问题的艺术。公众的参与，公共问题的解决，生存环境的改善，都是当下亟待解决的问题，公共艺术不仅能有机地处理好这些问题，而且能充分地反映公众民主参与意识的价值取向。所以，公共艺术已成为世界当代艺术发展的新趋势。上海城市公共艺术打破城市雕塑较为单一的表现形式，具有实验性的、强调公众参与的"新型公共艺术"逐渐兴起。面对上海城市公共艺突飞猛进，如何把握其发展走势，分析影响其变化的因素成为迫切需要解决的课题。何小青教授以历时性视角梳理了以近代开埠至今上海城市公共艺术的发展历程，对应不同时代环境和社会文化语境分析了上海城市公共艺术特点；以共时性思维探讨了公共艺术相关政策、公共艺术教育以及社会经济与城市化进程对当代"新型公共艺术"形成的影响。依据大量城市公共艺术案例，作者提出应依托政府政策平台，提高居民文化素养和参与意识、发挥公共艺术家核心作用的综合实践模式。

《上海城市公共艺术发展趋势研究》是上海大学上海美术学院公共艺术创作中心的研究成果，在其出版之际，欣然提笔，是为序。

上海大学上海美术学院
2019年8月16日

目 录

导言 / 1
 一、公共艺术的起源之争 / 1
 二、关于公共艺术的新探讨 / 3
 三、上海城市公共艺术面临的变化与研究近况 / 7
 四、本书大纲 / 9

第一章 上海城市公共艺术的历史沿革 / 12
第一节 缘起与早期发展 / 13
 一、上海古代的雕刻遗迹 / 13
 二、近代上海的纪念碑与雕塑 / 14
 三、近代上海的壁画 / 29

第二节 1949—1977年的重塑期 / 33
 一、上海雕塑创作的转型 / 33
 二、上海室外雕塑的破旧与立新 / 35

第三节 1978—1999年的复兴期 / 40
 一、上海城市雕塑相关政策的出台 / 40
 二、新的创作格局与学科的形成 / 42
 三、上海城市雕塑建设的风起云涌 / 44
 四、上海壁画的方兴未艾 / 53

第二章　上海城市公共艺术的新发展　/ 58
第一节　上海城市公共艺术相关政策与艺术教育的改良　/ 58
一、多方位的政策支持　/ 58
二、面向公众的艺术教育　/ 61
第二节　上海城市公共艺术空间舞台的延伸　/ 63
一、雕塑公园与雕塑广场　/ 63
二、交通空间　/ 68
三、社区空间　/ 71
四、商业空间　/ 75
五、校园空间　/ 77
第三节　上海城市公共艺术表现形式的拓展　/ 79
一、城市雕塑　/ 79
二、壁画　/ 82
三、装置艺术　/ 86
四、城市家具　/ 89
五、新媒体艺术　/ 91

第三章　上海城市公共艺术的发展趋势　/ 95
第一节　上海城市公共艺术概念的拓展　/ 95
一、艺术介入公共场域的正向意义　/ 95
二、由"设置"到"参与"　/ 97
三、由"艺术创作"到"艺术行动设计"　/ 99
第二节　从"中心"向"边缘"的延伸　/ 101
一、"城市中心"的实践　/ 101
二、"边缘区域"的实践　/ 104

第三节 上海城市公共艺术实现方式的共存及跨界 / 107
- 一、多样化的公共艺术表现形式 / 107
- 二、临时性公共艺术的增加 / 110
- 三、生态艺术的萌芽 / 112

第四节 "全球在地化"的探索与"以人为本"观念的凸显 / 115
- 一、因地制宜与全球互动 / 115
- 二、"以人为本"观念的凸显 / 117

第四章 影响上海城市公共艺术发展趋势的因素 / 120

第一节 公共艺术相关政策与公共艺术教育的充实 / 120
- 一、多项政策助推上海城市公共艺术前行 / 120
- 二、公共艺术教育的深入开展 / 125

第二节 经济体制的优化与城市化的推进 / 128
- 一、平稳的经济发展对公共艺术的支撑作用 / 128
- 二、变化中的城乡发展对公共艺术的需求增加 / 129

第三节 多元社会的转向与公共意识的觉醒 / 133
- 一、多元美学价值并存下的公共参与意识 / 133
- 二、艺术家公共意识的觉醒 / 135

第四节 技术革新与全球化时代的信息自由传递 / 138
- 一、数字技术应用融合的深化 / 138
- 二、国外公共艺术的新动向 / 140

第五章 发展趋势视野下上海城市公共艺术的完善 / 154

第一节 提高上海市民的文化能力 / 154
- 一、实现更广泛的文化民主化 / 154

二、加强市民在文化领域的参与意识　　　　　　　／156
　　三、重视美学教育　　　　　　　　　　　　　　　／159
　　四、加大社区与艺术家的合作力度　　　　　　　　／160
第二节　提升上海城市公共艺术创作力　　　　　　　　／162
　　一、公共艺术家的成长　　　　　　　　　　　　　／162
　　二、公共艺术策划模式的构建　　　　　　　　　　／165
第三节　群策群力助推公共艺术的发展　　　　　　　　／172
　　一、"公共艺术百分比制度"　　　　　　　　　　／172
　　二、管理观念的更新　　　　　　　　　　　　　　／176
　　三、"全民互动"下的公共艺术发展　　　　　　　／178

后记　　　　　　　　　　　　　　　　　　　　　　／181

导 言

一、公共艺术的起源之争

公共艺术的肇始,不同学者给出了不同的观点,其差异来源于研究者在研究中选取的参照对象不同,以及他们对公共艺术的"公共性"的理解不同。对于公共艺术起源的辨识和追本溯源,有利于我们展开对上海城市公共艺术历史沿革的探讨。

关于公共艺术的发端基本上可以分为四种观点。第一种观点"史前说"认为,公共艺术最早可以追溯到史前洞穴岩画和原始部族成员所共有的任何艺术形式。持该种观点的学者主要有美国美学家埃伦·迪萨纳亚克、美国学者巫鸿、国内知名艺术批评家岛子。第二种观点"广场说"认为,公共艺术起源于古希腊罗马时代公共广场上设置纪念碑和雕像的传统。古希腊是一个奴隶制社会,但在雅典的民主政治时代,公民已经享有了较为广泛的参与公共事务的权利。然而,古希腊的公共性也是有限的,在奴隶制社会中,奴隶阶层无法像贵族和自由民那样拥有同等的自由。为此,孙振华在其著作《公共艺术时代》中将古希腊时期的艺术定义为"前公共艺术"。第三种观点"欧洲说"认为，公共艺术最早诞生于欧洲，其中对欧洲现代公共艺术最具典范意义的公共雕塑则是在19世纪末到第一次世界大战爆发之前的这段时间建立的。德国杜宾根大学艺术史系教授塞拉裘茨·麦考尔斯基的研究表明，公共艺术的雏形诞生于16世纪的欧洲，因为单纯的纪念碑开始与公共装饰雕塑相结合。第四种观点"美国说"认为，真正意义上的公共艺术无论是其概念还是实践都源自美国，但是在具体的实践划分上则又存在着一些差异。例如德国学者希尔德·S.海因、中国台湾学者黄健敏以及美国《公共艺术评论》(*Public Art Review*)杂志中的大部分作者都认为，美国的公共艺术首次出现在独立战争期间，国会为庆祝独立和象征美国国家精神而建造了华盛顿纪念碑。中国台湾学者倪再沁则认为"公共艺术"一词的出现，始于1930年的美国[1]，是美国总统罗斯福的新政项目之一。另有一些学者认为"公共艺术"作为一个专有名词，其概念的形成和大规模的实践开始于20世纪60年代前后的美国，地方先于联邦政府制定了公共艺术政策以支持公共艺术的发展。上述四种不同观点表明，研究者在研究中所选取的参照对象以及对公共艺术的"公共性"的理解存在差异。其中，"史前说"观点中所涉及的"公共性"是相对部分具有私人性质的艺术而言的，指的是一种基于共同观念、信仰和背景的同族群成员在公共仪典场合的文化共享的公共性；"广场说"观点认同哈贝马斯的古典型"公共领域"中的公民自由发表观点的公共性；"欧洲说"观点涉及资产阶级公共领域的社会舆论批判和民族共同体凝聚力的公共性；"美国说"观点体现了美国独立前后塑造民族精神，新政时期政府"家长式作风"主导下的公共福利建设，以及20世纪60年代立

---

[1] 倪再沁.十年磨剑——台湾公共艺术的荆棘之路[J].艺术家，2003（2）.

法保障与公众参与公共艺术建设这样三种公共性[1]。这些不同的观点从客观上说明了公共艺术起源的多元化和公共性的多样化。

影响公共艺术发展因素的复杂性决定了对"公共性"研究向度的多维视角。公共艺术的公共性范畴并非一成不变，并且往往无法实现全民意义上的一致性或共同性，公共艺术的受众群体往往具有特定指向，并且随着条件的变化，公众群体的范围也随之改变，由此带来公共艺术内涵的削减或丰富。本书站在一个宽泛的角度认为，公共艺术的形成和发展具有漫长的历史过程并表现出不同的文化形态。从一定意义上说，有别于纯粹私人性质的艺术，设置或存在于公众领域并以某种方式介入社会公共生活，对于公众具有一定公共性价值和公共指向的艺术作品都可以视作为公共艺术。

二、关于公共艺术的新探讨

直到20世纪90年代中期，中国大陆提出了真正意义上的公共艺术概念。有专家提出："在20世纪90年代的中国，公共艺术概念已经被人提出，但其仅仅是对艺术界产生了一定的影响"[2]，"此时对于公共艺术单个作品的一般性评论仍然要多过对其进行整体式的专业化研究，其理论体系的大片领域仍然还是一片空白"[3]。相对于其他研究领域的悠久历史和深入程度，公共艺术作为一个专门的研究

---

[1] 希尔德·S.海因在《公共艺术：有别于博物馆的思考方式》中对美国公共艺术历史作了简要回顾，剖析了美国公共艺术经历的不同发展阶段，而且每一阶段的公共艺术实践模式及体现出的"公共性"都各不相同。参见 Hild S. Hein. Publie Art: thinking museum differently[M]. Lanham, MD: Rowman & Littlefield Publishers, Inc., 2006: 64—74.
[2] 时向东.北京公共艺术研究[M].北京：学苑出版社，2006：71.
[3] 翁剑青.艺术，不只是作为自我表现的手段——著名环境艺术家关根伸夫之访谈及随想[J].雕塑，2000（5）.

对象为学者所关注，也只是最近几十年的事情，尚属一个新的研究课题。早期的研究主要集中在对公共艺术概念的界定与艺术理念的阐释方面，并长期聚焦于城市雕塑领域。

近年来，在理论研究层面，对于公共艺术相关问题的探讨越见多样化。相较从前聚焦于公共艺术概念的界定，公共艺术的研究者开始对公共艺术的走向、公共艺术的转型、公共艺术发展过程中存在或面临的问题等方面给予了更多关注。对理论研究者而言，公共艺术包含的对象早已不再仅是城市雕塑，公共艺术作品也不再仅作为美化或装点城市的"饰品"，越来越多的研究开始探讨公共艺术的在地性、互动性以及公众参与等话题。因此，公共艺术的存在价值与意义也变得更为丰富和深刻。

长期进行公共艺术研究的翁剑青教授在其近年的研究成果中对"社区公共艺术"给予了更多的关注，并提出了与之相关的公共艺术发展动向与趋势："有关公共领域及公共性理论的国际交流，以及中国城市化、现代化和文化福利及艺术教育的逐渐深化，促使中国城市公共艺术形态由以往的偏于纪念性、说教性及外在的形式观赏，开始逐步和部分地注重城市公共空间及其城市文化内涵的建构和显现，注重城市更新与改造中的历史文化表达以及与公众日常生活及公共文化交流场所相适应的建设，开始逐步注意社区环境、公共设施和市民审美文化的培养与表现；尤其是在一些公共艺术项目的实施过程中，开始注意到公共参与及民主商议的程序和过程的重要性。"[1]在翁剑青最新发表的论文中，他指出："当代公共艺术的创作与社会介入的发展趋势，并非向着概念化或外在形式的视觉审美发展，而是向着揭示不

---

[1] 翁剑青.公共领域及公共性理论的影响与映照——略议中国公共艺术的相关语境[J].天津美术学院学报，2015（3）.

同地方和社会诉求、演示与交流公共生活领域的非物质性观念意识的方向迈进。"[1] 他进一步指出:"面对协作与博弈并存关系中的多元利益主体,社区公共艺术的介入和创造,应该采取更多倾向于非物态的、非静止性的艺术语言及方式,并强调观念性、生活化及短期性演绎的公共参与过程和艺术事件,从而与社区生活的需求和艺术方式的非物质化、非资本化的策略相结合。尤其需要增进社区艺术与社区内部生活形态的密切关系以及艺术语言形态运用的适切性。"[2]

关于公共艺术与社区的关系,《再导向:城市更新中的社会参与型公共艺术》一文指出:"日益增长的城市更新战略需求之下,为了同时应对来自全球与当地的挑战,艺术家和设计师的角色及创作方向必将越来越远离过去传统的、仅以博物馆及艺术空间为展览目的的、基于物质型的独立创作。相反,艺术和设计的领域得到了扩张,其本身也变得更具流动性:艺术家开始走入街头,融入社区;由单一的设计师主导型创作转向公众参与型创作,集体智慧取代了个体学识;更加公开和透明。由此,公共艺术正在走向一种更加整合的形式:跨学科的、服务型的媒介平台,承接及驱动着沟通、干涉、连结、调解、置入及更进一步行动的发生。"[3]

致力于公共艺术创作与研究的王中教授认为:"现在大量的公共艺术以审美为目的,但严格说来,审美还不是公共艺术的重要组成部分,公共艺术的目的是为了让它背后有文化的新的生长,有新的文化的孵化,所以它要激活空间。"[4]

---

[1] 翁剑青.情境·语言·策略:社区艺术形态及其适切性刍议[J].公共艺术,2018(3).
[2] 翁剑青.情境·语言·策略:社区艺术形态及其适切性刍议[J].公共艺术,2018(3).
[3] 赫维希·特克、马丁·法尔伯、弗吉尼亚·雷、李娜琪.再导向:城市更新中的社会参与型公共艺术[J].公共艺术,2018(5).
[4] 王中.艺术营造空间艺术激活空间——访中央美术学院教授王中[J].设计艺术(山东工艺美术学院学报),2013(2).

汪大伟教授指出："公共艺术介入'民众生活'，是全球公共艺术的整体走势，只有给地方带来良好变化的公共艺术才是好的公共艺术。"[1] 公共艺术是以艺术的语言和方式方法解决公共问题的艺术。"地方重塑"则是公共艺术的价值所在。公共艺术实现地方重塑的路径是：进入社区—进入产业—进入公共空间—进入公共文化，从而循序渐进、潜移默化地改变人的精神，唤起人们的美好信念。这种途径和方法是用艺术的语言和方式干预与化解矛盾，融合人与人、人与社会之间的关系，最后达到一种和谐的大同状态，这也正是人类生活环境的终极美好状态[2]。

孙振华教授通过不同的视角探讨了公共艺术的走向，他认为："走向自然生态，成为中外雕塑家共同努力的方向，例如中国美术学院洪世清教授在浙江玉环大鹿岛、在福建崇武海滨利用天然的海边礁石，因势象形，稍加雕凿，就变成了生动有趣的海洋生物雕塑；还有许多雕塑家利用自然废弃材料进行雕塑创作，体现了新的艺术观。目前，从国际上看，大地艺术、生态艺术呈现出方兴未艾之势，雕塑成为人们爱护自然、尊重自然的一种手段。表现出走向自然生态是雕塑艺术的发展趋向，是人类开始懂得尊重自然、敬畏自然的表现。"[3]

综上所述，公共艺术正在被视为一种集公众智慧参与的艺术实践，一种改变或改善地方，尤其是社区现状与问题的孵化新文化的"策略"。这种研究视点的转变并非一时兴起，或是凭空发挥，这与公共艺术在我国以及世界各地的实践近况相关。公共艺术实践和理论研究的转变及新动向，激发了笔者对上海城市公共艺术发展趋势

---

[1] 汪大伟.公共艺术与"地方重塑"[J].公共艺术，2015（7）.
[2] 汪大伟.地方重塑——公共艺术的永恒主题[J].装饰，2013（9）.
[3] 孙振华.走向自然生态的雕塑艺术[J].现代园林，2005（1）.

的关注与探讨。

三、上海城市公共艺术面临的变化与研究近况

城市化作为人类文明进步的必经阶段，不断影响并改变着人们的生产和生活方式。上海是我国近现代历史文化遗产最丰富的城市之一，同时作为中国最早的开埠城市之一，上海在不断推进城市化的过程中，以城市为舞台背景，曾出现或留下了诸多具有明显的城市化审美特征的艺术作品。上海从近代就开始了城市化发展，与中国其他城市相比，像公园、广场等城市公共空间都出现得较早，同时西方人将在公共空间中设置纪念碑、纪念雕像以及绘制壁画的传统带进了上海，使上海成为近代我国最早在城市公共空间中设置艺术作品的城市之一。自中华人民共和国成立后，上海的室外雕塑建设事业日趋受到政府和各界人士的重视与支持，加之一批杰出的艺术家汇聚于此，所以城市雕塑从整体上得到了长足的发展，呈现出多样的面貌。

这种以城市雕塑为主要表现形式的上海城市公共艺术在迈入21世纪后的转向已初见端倪，上海的城市公共艺术无论在表现形式、创作方式，还是在实践空间等各个方面都变得越发宽广，打破了城市雕塑较为单一的表现形式，不仅包含了较为传统的、设置于城市公共空间中的城市雕塑、纪念碑、城市家具、装置艺术等，同时强调公众参与的、更具实验性的"新型公共艺术"逐渐兴起，公众的参与意识、参与热情日趋高涨。数字技术介入公共艺术领域，新媒体艺术以其创造出的良好的"临场感"和"互动性"博得了公众的芳心。公共艺术从由艺术专业者的创造，转而扩大到了由艺术家和公众合作，共同创造公共艺术内容。在部分公共艺术项目中，艺

专业者扮演的角色发生转变，由创造者转向协助者与启发者，向公众提供知识与经验，促进公众完成议题的实践。公共艺术走入了更为广阔的城市公共空间，走近人们最熟识的日常生活之中。公共艺术已不再有国界之分，昨天还在海外某双年展上展出的作品，今天可能就出现在上海的城市公共空间之中。可以这样说，从近代以来，上海的城市公共艺术无论从作品的数量还是品质方面看都取得了令人瞩目的成就，值得我们对其一探究竟。

上海城市公共艺术的这些变化对政府、艺术家、策划者、市民大众等的影响是非常深刻的。公共艺术作为一种公共产品，政府是公共艺术最主要的支持者。政府要意识到公共艺术发展的这些转向，以此更好地为公众提供可以满足他们需求的公共文化产品或服务。对艺术家和策划者而言，适时地调整艺术创作、策划的理念和方式等势在必行，公共意识的觉醒推动了当代艺术走向公众，多元的公共艺术有着不同的受众，从事公共艺术的人们得到公众广泛的认可，能进一步激发出他们的公共意识。使用新媒体的艺术家正在试验用新的方法创作艺术以此与公众交流。公众所扮演的角色也发生了改变，原本作为公共艺术的消费者的市民大众也可能成为公共艺术的生产者，这便要求公众拥有更强的公共参与意识和更高的文化修养。但同时，对于全球化的文化影响可能带来的公共艺术的均质化现象，让我们不得不提高警惕。

整体来看，从近代以来上海的城市公共艺术无论在作品的数量还是品质方面都取得了令人瞩目的成就，值得我们对其一探究竟。然而，相比上海城市公共艺术的实践，在理论研究层面上的新探讨则稍显滞后，研究成果相当有限。除上海城市雕塑委员会曾于1999年编著了《雕塑与环境——城市雕塑文集》，从城市雕塑与城市景观环境的层面对上海的城市雕塑进行了初步探讨，此外期刊、报纸上偶有对上海城市公共艺术的简单评价，其他大部分著作主要集中于对上海城市雕塑的历史梳理，如郭公民编著的《介入公共领域的审美交流——上海城市公共艺术》和施大畏主编、朱国荣撰稿的《上海现代美术史大系·雕塑卷》等。为了促使上海城市公共艺术适应未来社会发展的要求，需要对上海城市公共艺术的发展沿革进行系统的理论研究，方可找到其中的发展理路，为日后上海城市公共艺术的发展提供科学依据并顺势而为。对上海城市公共艺术的发展趋势进行研究，对上海城市公共艺术新动向进行研究，对上海城市公共艺术发展趋势进行预测分析，对于引导上海城市公共艺术的永续发展具有重要的现实意义。

四、本书大纲

由于城市公共艺术的涉及面十分广泛，所以无论是将其视为一个实践范畴还是作为一种研究对象，必定会触及若干个相互重叠的议题，公共艺术最鲜明的属性乃是"艺术性"和"公共性"，但这并不是一种二元化的思维，要将其割裂开来置于天平两端，公共艺术是"艺术性"与"公共性"的有机融合。公共艺术与"公共领域"有着密切的关系，这就要求公共艺术的理论研究者不仅要关注公共艺术的美学层面，还应结合政治、经济、社会、文化等方面加以探讨。为此，本书站在一种跨学科的研究视野，结合历史学、社会学、文化政策等相关内容，充分探讨上海城市公共艺术的发展趋势问题。

本书以《上海市城市总体规划（2016—2040）》（草案）为重要参考，定位于到2040年的上海城市公共艺术的发展趋势，首先对上海城市公共艺术的发展沿革进行了梳理，以上海古代雕刻遗迹为铺垫，其后按照从近代到当代这样一个连贯的时间轴线来研究上海城市公共艺术的历史与现状。其次，分别从政策、教育、社会、科技等方面来分析影响上海城市公共艺术发展趋势的因素，进而推导出上海城市公共艺术未来的发展趋势。最后，以顺应现代城市公共艺术的发展趋势为背景，对上海城市公共艺术尚需完善的方面进行探讨，提出相应对策。

以城市雕塑和壁画为主要形式的被归属为"公共艺术"的作品为市民公众所熟识和认可，并长期占据了上海城市公共艺术的主流地位。因此，本书的第一章中对以城市雕塑和壁画为主的上海城市公共艺术的发展进行了以时间发展脉络为依据的梳理。在简要论述上海古代雕刻遗迹后，重点探讨了上海城市公共艺术在近代，即鸦片战争后至1949年前的初创期，1949—1977年的重塑期和1978—1999年的复兴期这三个阶段的发展历程和主要特点。

第二章聚焦了2000年至今上海城市公共艺术的发展。迈入21世纪后，上海城市公共艺术无论在表现形式还是在实践空间方面都有了全新的拓展。第二章重点描述新时代上海城市公共艺术的特点，为论证上海城市公共艺术的发展趋势提供依据。

第三章讨论了上海城市公共艺术发展趋势的具体表现，认为上海的城市公共艺术将更注重公众的参与和观点表达，并将以更包容的姿态来表达公共议题，开始真正走向公众；上海城市公共艺术不仅存在于城市中心，同时也将延伸到"边缘区域"；上海城市公共艺术将遵循"全球在地化"的设计理念，成为一种社会生产方式。

第四章对影响上海城市公共艺术发展趋势的因素进行了剖析，分别从上海城市公共艺术的相关政策和公共艺术教育、社会经济和城市化进程、公众和艺术家公共意识的觉醒、技术革新和国外公共艺术发展等方面展开论述。

第五章结合上海城市公共艺术的发展趋势，为完善上海城市公共艺术的相关政策、措施提供意见与建议，期冀上海城市公共艺术未来发展能顺势而为，适应经济社会的发展。

第一章
上海城市公共艺术的历史沿革

上海拥有深厚的城市文化底蕴和众多的历史古迹。在迈入21世纪前，上海的城市公共艺术以雕塑和壁画为主，其中尤以雕塑为重。在不同历史时期，这些作品的设置主体、受众、功能、意义等不断发生着变化。

上海现存最早的古代雕塑遗迹是建于唐大中十三年（859年）、现存于松江城内的陀罗尼石经幢。到了明清时期，大量建筑雕饰开始出现在私家园林中。鸦片战争后，上海被迫开埠，作为租界文化一部分的纪念碑、纪念雕像、壁画随即落户外滩，成为一道亮丽风景线，产生了近代上海的首批城市公共艺术。随着"华洋杂居"的开始，租界内的纪念碑和纪念雕像文化也影响到了租界外，加之一批留洋雕塑艺术家的学成归国，上海人民便开始了纪念碑和纪念雕像的建造。中华人民共和国成立后，上海雕塑艺术教育和实践深受苏联"社会主义现实主义"创作手法的影响，破旧立新，进行了大规模重塑。当改革开放的春风吹遍祖国大江南北时，上海雕塑家、壁画家的思想也彻底挣脱了禁锢，产生了许多新观念、新思维，与市政建设一同开展的城市雕塑事业一片兴盛，呈现出多样的面貌。与此同时，上海城市公共空间中的壁画创作也呈现出方兴未艾之势。20世纪90年代中期后,生活化的、快乐的艺术作品陆续出现在上海的城市公共空间中。

第一节 缘起与早期发展

一、上海古代的雕刻遗迹

上海现存最早的古代雕塑遗迹,是松江城区内的一座唐大中十三年(859年)的陀罗尼石经幢,上面雕刻着力士、天王、菩萨、供养人以及穿山龙、蹲狮等,虽然损坏比较严重,但还是可以一睹唐代雕刻的风采;而豫园内的一对铁狮和蓬莱公园内的石虎,均为元代作品,都是从外地搬迁来的,铁狮原来放置在湖南新德县衙门,而石虎则购自浙江。上海现存的明清时期的雕刻较多,多为建筑装饰雕刻,其中以砖雕尤为出色。古时松江府城隍庙大门前(今方塔园内)的砖雕为明洪武三年(1370年)的作品,高4.75米,宽6.10米,面积近30平方米,以浅浮雕形式刻了一个叫"犾"的怪兽,形似麒麟,它正欲吞旭日。该浅浮雕造型古拙,构图饱满,线条遒劲工致,保存得相当完好,在国内堪称精品。上海老城厢地区的不少古建筑上至今还留有表现戏文故事、神话传说和动植物图案等内容的砖雕,具有代表性的作品有建于乾隆年间的天灯弄77号书隐楼的砖雕,门枋上雕有西伯昌磻溪访贤的故事,三十余个人物,神态各异,布局完整;楼前东西侧厅墙上各嵌一块正反图案完全不同的双面镂空砖雕,南面为《和合二仙》,北面为《双骑射鹿》,为江南所罕见(已被毁)。书隐楼砖雕改变了明代朴实单纯的表现手法,体现出清代中期砖雕的艺术风格。豫园内会景楼东侧墙上的《八仙过海》、绮藻堂东廊的《广寒宫》、内园西墙上的《郭子仪上寿图》、假山东侧墙上的《连中三元》等，在表现技法上融合了浅浮雕、高浮雕和镂空雕，层次极为丰富，但又有烦琐、造作之感，为晚清风格的代表作[1]。

从唐代的陀罗尼石经幢到清代的建筑装饰雕刻，将这些出现在帝王显贵园林和府邸中的古代雕像、雕塑置于原本的历史语境中，其建造之初除基于宗教信仰而设置于公共场所的佛教雕像外，其余则都设置在私人领地，这些为了满足私人审美和利益的作品是与我们所说的"公共"无关的私人艺术，因而，与真正意义上的城市公共艺术仍有很大的差异。尽管如此，随着时代的变迁，这些古代雕刻遗存逐渐揭开了神秘的面纱，向大众开放，出现在上海的城市公共空间中，成为可供公众欣赏的历史文化遗产。随着社会的变迁，艺术逐渐走下神坛步入人们的日常生活中。这些作品的题材、内容、形式在变得越发多样化的同时，其功能也越渐亲民，出现了明显的民间化与世俗化特征，为真正意义上的上海城市公共艺术的出现做了重要铺垫。

二、近代上海的纪念碑与雕塑

（一）租界内的纪念碑与纪念雕塑

鸦片战争后，上海被迫开埠。这一时期，随着殖民列强对上海的瓜分，租界的空间形态与租界文化对上海的空间格局和市民的生活方式尤其是文化生活，都产生了深远影响。公共马路、公园、广场等近现代意义上的公共空间被开辟和建造出来；而纪念碑、纪念雕像作

---

[1] 朱国荣. 雕塑与环境——城市雕塑文集[M]. 上海：上海书画出版社，1999：160—161.

第一章　上海城市公共艺术的历史沿革

为租界文化的一部分，以一种舶来品的姿态来到上海，并逐渐融入上海的城市文化中。麦肯·迈尔斯提到，19世纪末正值欧美强权国家在西方社会公共空间中大肆建造雕像与纪念建筑的时期，同时西方殖民者在此一时期也开始了在殖民地建造雕像、纪念碑的活动。在上海的租界内，纪念碑、纪念雕像的设置主体不尽相同，由租界行政当局发起，并逐渐由侨民、国外商团等共同参与。

最早在上海土地上立碑以示纪念的是法国人，早在1855年法国人便在八仙桥公墓（现淮海公园所在区域）建立起了法国将士纪念碑，其建造的初衷是为了纪念当时在镇压小刀会起义中搭乘"贞德号"和"科尔贝尔号"上阵亡的兵士。

1861—1862年，英国侨民在上海英国领事馆前的草地上树立了一座红色花岗石纪念碑，后被称为红石纪念碑，以纪念1859年与巴夏礼一起赴通州与钦差大臣会晤时被中国官兵擒杀的英国人。

1898年11月20日，德国侨民和德商怡和洋行为纪念1896年7月15日在我国山东省洋面遇风沉没的德帝炮舰"伊尔底司号"，在外滩公园旁建立伊尔底斯碑，以纪念七十余名死难者。伊尔底斯碑由徐家汇教堂将原桅镀以铜质，复仿铸海军旗一面，置之

伊尔底斯碑　1898年
图片转自《上海现代美术史大系·雕塑卷》

于此以留纪念。该制法绝佳，旗子的褶皱极为逼真，且经久不坏。该纪念碑后于1918年1月16日被英国侨民推倒。第一次世界大战后，德国人又把它修复，并迁至常德路，继而又迁到延安西路、华山路口的德国总会内（今静安公园）。上海解放后，伊尔底斯碑被拆除。

1880年6月10日，英国侨民集款在苏州路与黄浦滩的交叉路建立纪念碑，以纪念由英政府派遣至中国西南区域开辟商路，却在1875年2月21日被人暗杀于云南的英国人马加礼。1909年道路扩张时，马加礼纪念碑被移进外滩公园，置于公园的北面进口处。

1911年，法租界公董局为纪念在上海上空作飞翔表演时失事丧生的法国飞行员环龙，在顾家宅公园（俗称法国公园，今复兴公园）

欧战纪念碑　1924年
图片转自《上海现代美术史大系·雕塑卷》

内建立环龙碑，环龙碑上置有环龙的青铜头像，碑面刻有"君为中国第一飞行家，君之奋勇及死义，实增法国之光荣"字样[1]。

当时在外滩建造的纪念碑中，规模最大的便是坐落于延安东路口的欧战纪念碑。该纪念碑的设立是为了纪念第一次世界大战时上海的外国侨民中回国参战后的阵亡者。"1924年2月纪念碑落成，碑面刻死者姓名，两旁有铜制的盔甲盾甲等古时战争用具。碑顶立和平女神，手抚孺子，碑背有'功炳欧西，名留华夏'铭文。抗战时被日军拆毁。"[2]

除了纪念碑，纪念铜像在法租界、英租界等也开始出现。1865年1月，法国人首先在法租界公董局（今金陵东路黄浦区公安局内）建立卜罗德铜像，以表彰卜罗德开辟法租界的功绩。铜像由雕塑师巴雷创作，底座上刻着简单的题词："纪念1855年至1862年间在中国大地上遭到叛乱分子的杀害而英勇牺牲的卜罗德将军以及军官、水兵和士兵们。"[3]卜罗德铜像落成时还举行了盛大的典礼。这一铜像的落成开了外国人在上

巴夏礼铜像　1890年
图片转自《上海现代美术史大系·雕塑卷》

---

[1] 徐昌酩.上海美术志[M].上海：上海书画出版社，2004：49.
[2] 余芷江.上海地方史资料（一）[M].上海：上海社会科学院出版社，1982：265.
[3] 梅朋，傅立德.上海法租界史[M].倪静兰，译.上海：上海社会科学院出版社，2007：308.

海建立纪念像的先河，随后各国纷纷仿效。上海解放后，卜罗德铜像被拆除。

1890年4月8日，外国寓华官商因"敬仰"巴夏礼在华期间的"功绩"，在外滩立了巴夏礼铜像。在用大块花岗石砌成的基座上，巴夏礼身穿大氅，叉开双腿，左手叉腰，右手微举，一副演说家的模样，神态傲慢。上海市民因不知此像为何人，遂称它为"铜人"，称附近的码头（南京路至北京路的外滩码头）为"铜人码头"[1]。抗战时铜像被日军搬去。

1913年，英侨在外滩江海北关署（今汉口路外滩海关大楼）前设立赫德铜像，并辟赫德路（今常德路）。赫德能通中国言语和文字，为人极其精明干练。当时英政府相当信任他，意在委任其为驻华公使，但他却不愿出任。赫德铜像系根据赫德的一张照片制作。1925年，江海北关署被拆除，并在原址上兴建新海关大楼，于1927年落成，赫德铜像便迁至新海关大楼前。该雕像在抗战时被日军搬走。

1936年，在俄国著名文学家、小说家、诗人普希金逝世一百周年之际，俄侨成立了普希金委员会，并议决在上海毕勋路（今汾阳路）和祁齐路（岳阳路）辟地树立普希金铜像。1937年2月，法租界隆重举行揭幕仪式，碑身正面和一侧面用俄文刻有"俄国诗人·普希金先生逝世百年纪念碑"的字样。1944年11月铜像被日军拆除，1947年12月29日普希金铜像在原址重新设立，仍为半身铜像，由苏联雕塑家马尼泽尔创作。

当西方意识形态深入到上海社会的方方面面，洋式建筑陆续在上海建成，其风格涉及西方各种建筑样式，包括古希腊古罗马的柱式和拜占庭式、哥特式、俄罗斯东正教式、文艺复兴式、巴洛克式

---

[1] 徐昌酩.上海美术志[M].上海：上海书画出版社，2004：49.

第一章　上海城市公共艺术的历史沿革

等。与这些西洋建筑相伴出现的是起到装饰建筑作用的雕塑，其中尤以上海外滩地区最具代表性。

中山东一路15号中国外汇交易中心原为华俄道胜银行上海分行，是上海现存最早的西方古典主义风格建筑。"沙皇俄国与清政府于1895年合资设立华俄道胜银行，次年设分行于上海，1899年在外滩动工兴建银行大楼，建筑由德国建筑师海因里希·倍高设计，由项茂记营造厂承建，于1902年竣工。建筑外墙底层为石筑，入口门廊两侧饰塔司干式双柱，平台上设有一对女神雕像，女神身后恰好是立面上的两根巨柱式半圆形爱奥尼克壁柱，左右还各有两根方形的爱奥尼克壁柱。檐口下面正对方形壁柱的托架部位设有装饰性人面雕刻，檐口上面与之对应的部位则是被称作阿克柔特的叶形装饰，阿克柔特在古希腊和古罗马的神庙上用来放置雕像，是古典主义建筑中常用的词汇。"[1]

中山东一路27号原怡和洋行办公楼于1922年竣工，由英国皇家建筑师协会的非正式会员思九生洋行设计。该洋行大楼正面顶部中央有一组以海船和海豚为题材的石雕。中山东一路12号原汇丰银行大楼于1923年竣工并投入使用，由英商公和洋行设计。银行的主入口立面的中心，由宽11英尺、高20英尺的三座拱门组成，其中央顶部的锁石雕分别各有一头像，中间的头像代表农业，两侧的头像分别代表工业和航运。青铜门上铸有精美的图案。大门两侧基座上各匍匐着一只青铜狮子，其造型极为逼真，一只纹丝不动，一只正在怒吼。两只狮子由艺术家亨利·普勒创作的，含有"守护和安全"的意思。

---

[1] 钱宗颢.百年回望：上海外滩建筑与景观的历史变迁[M].上海：上海科学技术出版社，2005：154—155.

外滩17号字林西报大楼（今桂林大厦）大门上方的浮雕

外滩汇丰银行的铜狮　　　　　　　外滩汇丰银行的铜狮近照
图片转自《上海现代美术史大系·雕塑卷》

中山东一路17号的原字林西报大楼于1924年落成，由德和洋行设计，由于建筑师在设计中采用的手法是文艺复兴风格，故其双塔、双入口的立面构图受到了巴洛克建筑风格的影响。"这幢建筑的基座部分的正面中间是精心设计的陶立克柱廊，在两个楼层的窗户之间是一组在意大利刻制的大理石镶板，上面的浮雕人物差不多与真人一样大小，形象地解释了报纸的作用。上部檐口下有作为象征性支托的八座阿特兰特雕像。这些雕像具有强烈的装饰效果，工程是由上海的日商淡海艺术公司承建的，每个人物雕像均用三块花岗岩拼

第一章 上海城市公共艺术的历史沿革

接而成，这些花岗岩产自意大利。"[1]中山东一路13号上海海关大厦于1927年年底竣工，该大厦的基座部分选择了严谨的古典风格，主入口柱廊依照纯粹的陶立克风格建成，大门上横饰带的陇间壁上饰有海船和海神的浮雕，细节表现到位，人物描绘相当传神。

除了上述位于中山东一路上的外滩建筑群上的装饰雕塑外，位于广东路93号的永年大楼（原为英国永年人寿保险公司）入口处顶部原有人像雕塑，其多扇以宗教故事为题材的彩绘玻璃窗极有特色。四川中路133号原为英国卜内门洋行的大楼呈新古典主义风格，有巴洛克装饰，正中3—5层复合柱式壁角柱装饰门廊的柱下原有阿特兰特雕像，柱上三角形山花两肩原有一对雕狮。位于北苏州路276号由英国建筑师思九生、史滨生设计，华商余洪记营造厂总承包建造的上海邮政大楼是一座集古罗马巨柱式建筑与意大利巴洛克钟式建筑风格于一体的西方古典式建筑。大楼东南转角处上方矗立着一座钟塔，钟塔基座两旁塑有群雕，南面分别是希腊神话中的信使和爱神，象征着邮政是上帝的信使，向人间传递情感；北面为三个各持火车头、铁锚和电信电缆的人像，象征中国交通和通信正处于发展途中。遗憾的是，

上海邮政大楼钟塔上的雕塑
图片转自《上海现代美术史大系·雕塑卷》

---

[1] 钱宗颢.百年回望：上海外滩建筑与景观的历史变迁[M].上海：上海科学技术出版社，2005：209.

上海邮政大楼钟塔上的雕塑近照

这两处群雕原作在1966—1977年间被毁，如今所见乃是1999年时仿原作的复制品。由英国克明洋行设计的位于南京西路778号的德义大楼为装饰艺术派风格，转角处二层窗口上有一花岗岩带饰，其上原有四座立雕人像，也于1966—1977年间被毁。

如上所述，这些设置在租界内的街道、公园或广场上的纪念碑、雕塑在早期华洋对立、租界区域分割的情况下，并非华人随意可接触之物。故而，从受众的角度来看，这些纪念碑、雕塑乃是将华人排除在外的，仅面向居住在上海的侨民。其后，当华洋分居的区域结构被华洋杂居所替代，华与洋之间的藩篱被打破，这些空间逐步向华人开放，华人也有了平等接触这些纪念碑、雕塑的机会。但即便当租界区域内的公园、广场等向华人开放，可这些纪念碑、雕塑仍旧是西方殖民者直接将本国文化移植的产物，其所体现的是殖民者的意识形态，其纪念、缅怀的是那些殖民者中"功勋卓著"的死难者，其构筑的是殖民群体的归属感与认同感。然而，这些纪念碑、雕像以及与建筑物相伴的装饰性雕塑的出现改变了上海原有的城市面貌，成为上海城市公共空间中的文化印记。

（二）租界外的纪念碑与纪念雕像

1. 民国时期的留洋雕塑艺术家与现代雕塑教育

20世纪二三十年代的上海已是一座面向世界的大城市，许多胸怀大志的年轻学子东渡扶桑、西涉重洋学习国外的美术。其中，法国的现代美术教育对这批学子的影响最为深刻。1912年，民国的学校体系代替了清末的学堂制，时任教育总长的蔡元培主张"不可不以法人之所长补之"，开启建立向法国学习的教育制度。1915年6月，华法教育会由蔡元培与李石曾、吴玉章等发起成立，加上庚子赔款的资助，希望以此组织、帮助更多华人到欧洲求学。由此，大批学生涌向法国求学。一批留法学生受到了巴黎等具有现代雕塑艺术气息的城市的熏陶后，开始立志学习雕塑，李金发、江小鹣、刘开渠、滑田友、张澄江、王临乙等，都曾在法国巴黎国立高等美术学院求学。

19世纪下半叶至20世纪初，随着科技的蓬勃发展，人们的生活方式和思想也经历着快速变革，传统的审美被一再颠覆，古典题材的艺术作品受到了来自各方面的挑战，现代艺术思潮在法国巴黎风起云涌、异军突起。然而即便如此，当时多数雕塑专业的中国留学生还是更多地接受了巴黎国立高等美术学院的以古典写实为主导的学院派的严谨教学体系。

这些留学生学成归国后组织或参与了众多美术团体、机构，其中部分雕塑家如李金发等还撰写了大量与雕塑相关的文章，并编辑、出版了与雕塑相关的书刊，广泛介绍了中外雕塑艺术和理论，为现代雕塑理论研究和推广做了大量宣传工作，提高了雕塑在艺术领域中的地位。这些留学生更是活跃于现代雕塑创作的第一线，在艰难困苦的年代，创作出一件又一件传世佳作，为上海城市雕塑的发展创造了必要的理论和技术条件。

此外，土山湾画馆和上海美术学校对上海雕塑的发展也起到了重要的推动作用。曾被徐悲鸿先生比作"中国西洋画摇篮"的土山湾画馆，也是中国人接触、了解西方雕塑的一扇窗口。土山湾画馆的初创者范廷佐是一位西班牙籍传教士，范廷佐祖孙三代都是雕塑师，其父亲将范廷佐送到了罗马去学艺深造。1874年范廷佐被耶稣会派遣抵达上海，随即设立了工作室。他本人雕刻的圣像曾放置在徐家汇天主教堂内。1851年，徐家汇天主堂开始施工设计时，由于需要大量绘画和雕塑作品，因此在神父郎怀仁的支持下，原有的工作室被扩展了，兼作艺术课堂，收中国教徒为学生，向他们传授雕塑、绘画以及版画方面的技艺，范廷佐亲自从事素描和雕塑的教学，土山湾画馆的雏形形成了。"堂中工场有印刷、装订、绘画、照相、冶金、细金、木工、水雕、泥塑、玻璃制作等"[1]，虽然当时制作的绘画与雕塑作品完全是为了满足宗教需求，是带有明显商业性质的艺术生产，但单从技法层面来看，依旧为西方现代雕塑的传播起到了关键作用。张充仁、徐宝庆等上海第一代雕塑家便是在土山湾画馆学成的。

  私立美术学校——上海图画美术学校成立于1912年11月23日，1920年改名为上海美术学校，位于美租界乍浦路八号洋房，由乌始光、张聿光、刘海粟等创办。该校是我国现代艺术教育史上的第一所新型学校，它构建了一个全新的美术教育体系，开创了海派美术教育之先河，同时也是第一所设立雕塑系的美术专科学校。早在1920年修改学则的时候，就定下六科：中国画、西洋画、工艺图案、雕塑、初等师范及高等师范。1925年9月正式设立雕塑系，时任雕塑系主任的是李金发。李金发接受了法国的雕塑教育，因此将其完全引入了上海美术学校雕塑专业的课程中。虽然1925年雕塑系开班之初，上海美术学校雕塑系报名者寥寥，但这却是中国雕塑教育的第一步，为中国雕塑教育事业做出了巨大的贡献。在此之后，历届雕塑系主任都与法国有着不解之缘，法国雕塑艺术的写实主义风格因此对上海雕塑艺术的发展影响深远。上海美术学校雕塑系

---

[1] 徐蔚南.中国美术工艺[M].北京：中华书局，1940：163.

成为培养上海雕塑人才的主要平台,中华人民共和国成立前很多上海室外雕塑都出自在该校工作或培养的雕塑大家之手。

从土山湾画馆的设立,到大批学生的留法学习,再到上海美术学校雕塑系的开设,欧洲古典美术原理被引进中国近现代雕塑教学之中,初步建立了现代雕塑的基本审美和现代美术教育的构架。这些接受了西方教育的雕塑家有了用武之地,积极投入到雕塑创作的实践之中。雕塑实践和理论的积累,为上海室外雕塑的发展奠定了基础。

2. 西风东渐影响下租界外的纪念碑与纪念雕像

在西风东渐的影响下,上海市民对城市道路、现代交通、公园、广场以及纪念碑、雕塑等西洋事物不再陌生。留学归国的雕塑人才更是奠定了上海室外雕塑艺术创作的人才基础,成为上海室外雕塑创作的主力军。上海室外雕塑一改对神佛的塑造,关注起了现实生活中的人。

"1904年,李氏族人在徐家汇海格路(今华山路)李公祠内设立李鸿章像,李鸿章翎顶行装,腰悬宝刀,座有铜铭,多颂扬辞,为德国克虏伯厂所铸赠。"[1]1917年10月,川沙县浦东中学落成一座该校创办人杨斯盛的青铜立像,以纪念他于1907年

李鸿章像　1904年
图片转自《上海现代美术史大系·雕塑卷》

---

[1] 尹村夫,余芷江.上海地方史资料(一)[M].上海:上海社会科学院出版社,1982:267.

盛宣怀铜像　20世纪初
图片版权属于上海交通大学校史博物馆

宋教仁坐姿石雕像　1924年

出资30万两白银毁家办学的善举。杨氏以泥水工人出身，因为念及国人不识字之苦，毁家兴学，独资创办浦东中学。1921年，澄衷中学建立叶澄衷铜像。作为该校的创办者，叶澄衷铜像蔼然微髭，长袍短褂，褂下垂一眼镜袋，后脑缀有发辫。与此前后，南洋公学（今交通大学）也建立了该校创办人盛宣怀的铜像。1924年6月，上海闸北建成宋公园（今闸北公园），宋教仁被安葬于此，墓呈半球形，墓前立刻有"宋教仁先生之墓"的石碑。墓顶塑有一展翅雄鹰，墓地中还立有宋教仁先生坐姿石雕像，四周遍植龙柏，

第一章　上海城市公共艺术的历史沿革

绿树成荫，庄严肃穆。

"1927年10月10日，由上海总工会和上海各马路商界总联合会、全国学生联合总会、上海学生联合会发起建造的一座占地12亩颇为壮观的五卅烈士墓在江湾落成。五卅烈士纪念墓碑在半球型的墓顶上挺立着一只引颈高亢的报晓公鸡，既象征烈士们追求独立、追求光明的爱国主义精神，又号召国人要闻鸡起舞、自强不息，立志报仇雪恨。墓前矗立着一块高大的水泥碑，正面刻着'来者勿忘'四个大字；背面刻有蔡元培为纪念五卅烈士而作的悼文及烈士们的姓名。"[1]

五卅烈士墓　1927年
图片转自《上海现代美术史大系·雕塑卷》

20世纪20年代，时任杭州国立艺术院雕塑系主任的李金发为上海南京大戏院门楣创作了12米长的巨型浮雕，大胆地将裸体形象运用于雕塑创作中，堪称开中国装饰性室外雕塑先河之作。

"孙中山逝世后，由上海市政府联合上海社会各界团体发起了一场总理铜像设计与建设运动，最终孙中山先生铜像于1929年10月10日在江湾五角场的市政府大楼前落成。模型由江小鹣雕塑，连座共高九尺，孙中山衣长袍马褂，右手执礼帽，垂及膝，左手握手杖，足蹬毡鞋，庄严伟大，令人起敬。"[2] 碑座正面由谭延闿题"独有千秋"，蔡元培题"侯圣大惑"；背面镌有碑文。

---

[1] 徐昌酩.上海美术志[M].上海：上海书画出版社，2004：50.
[2] 尹村夫，余芷江.上海地方史资料（一）[M].上海：上海社会科学院出版社，1982：267.

孙中山先生铜像　1929年
图片转自《上海现代美术史大系·雕塑卷》

"1930年5月18日，为纪念陈英士先生的遇难日，其纪念塔开工，落成启幕于同年11月3日，以纪念辛亥上海光复日和陈先生光复上海的功绩。建筑在西门方浜桥三角形的方地上，既为南市交通的中心点，易使民众观瞻，又以纪念陈先生提倡拆城之功。塔高八十尺，内布铁梯，可达顶端……塔下用大理石镌篆文'陈英士先生之纪念塔'九字。后壁有一门可以通出入。两旁均镌陈英士先生纪念塔记。"[1]

1941年太平洋战争爆发，日军占领上海后，上述的纪念碑与雕像，除德国建造的以外，几乎被日军悉数拆毁，并将铜材用于制造军火武器。抗战结束，内战即起，上海的室外纪念碑、雕像的建设开展缓慢，在中华人民共和国成立之前，仅有1946年8月在城隍庙荷花池中落成的由江小鹣、滑田友合作设计的李平书铜像，此像高3米，李平书银须一绺，身穿长袍马褂，右手执书，左手垂于袖筒内，伫立于八角形基座上，风度儒雅。基座正面刻有黄炎培题"李

---

[1] 上海通社编.上海研究资料[M].上海：上海书店，1984：374—375.

公平书范像"及碑文一篇。

这一时期中国人自己建造的纪念碑、纪念雕像都与当时特定的时代环境紧密相连。我们可以看到结束封建帝制后,在民主共和理念的影响下,这些纪念碑、纪念雕像从最初由地方人士、社会精英出资发起,到群众的自发而为之,这背后既有对民族自尊、民族利益的维护,也有国家独立意识逐渐觉醒的体现,也是对殖民者的一种无声而有力的抗争。尽管从这些纪念碑、纪念雕像来看,它们的主题、风格较为单一,然而,在上海城市公共空间中由中国人自己竖碑造像之行为却增强了上海市民的社会公共意识,对后来上海城市公共艺术的发展产生了很大影响。

三、近代上海的壁画

壁画是一种非常常见的公共艺术表现形式。壁画顾名思义就是绘在建筑物墙壁或天花板上的图画。在形式多样、风格迥异的外滩万国建筑博览群中,壁画艺术的应用也可谓是一大亮点。上海开埠后,西方殖民者便开始在建筑中用壁画进行装饰。

据杨清泉在《中国壁画(上海美术学院卷)》记载:

上海浦东发展银行穹顶壁画完成于1923年,位于大楼门厅的顶部,离地面20多米高,总面积近200平方米,由几十万块每块仅几平方厘米的彩色马赛克镶拼而成。壁画以中心辐射的形态嵌在建筑穹顶上,中心画面内容取自古希腊神话,表现有太阳神、月亮神、谷物神。画面外圈的12个星座则分别对准穹顶下的8幅壁画,8幅画面分别描绘了20世纪初上海、香港、伦敦、巴黎、纽约、东京、曼谷、加尔各答这八大城市的建筑风貌。在展现上海的画面中,背

上海浦东发展银行（原汇丰银行大楼）穹顶壁画　1923年
图片转自《中国壁画（上海美术学院卷）》

景是以原汇丰银行大楼、海关大楼为中心的外滩建筑群，主体是航海女神及两个象征长江与海洋的神。壁画中有24幅为神话故事中的动物形态。壁画间嵌有一圈英文，译为"四海之内皆兄弟"，象征整个世界的和平繁荣。壁画由意大利工匠在大楼建造时制作，至今已近百年，被誉为"不朽的艺术杰作"。

除了上海浦东发展银行的穹顶壁画，在这一时期上海的很多壁画作品都与宗教建筑或宗教题材有着不解之缘。建于1910年的永年大楼，大楼内部装饰有用精致的彩色玻璃镶嵌画构成的耶稣、圣母等宗教故事。这些彩色玻璃由当时的徐家汇土山湾孤儿院工场制造。上海现存最早的基督教礼拜堂"圣三一堂"，是1869年英国在我国建造的最大的哥特式样教堂，由英国哥特式教堂建筑大师乔治·斯科特设计，教堂内有绘制着《圣经》故事的彩色玻璃，为教堂增添了

第一章 上海城市公共艺术的历史沿革

永年大楼壁画　1910 年
图片转自《中国壁画（上海美术学院卷）》

上海圣母大堂穹顶湿壁画　1936 年
图片转自《中国壁画（上海美术学院卷）》

几分华丽的色彩。建成于1936年2月的上海圣母大堂，被称为中国南方地区最大的东正教堂。教堂穹顶由一大五小的葱头形圆穹顶组成，穹顶和教堂内壁四周绘有精致的宗教主题壁画。整个教堂具有浓厚的俄罗斯教堂特征。

此外，上海遗存的老建筑中，尤其是20世纪二三十年代的老建筑中，在装饰主义风格建筑体系下，壁画艺术作为装点空间的点睛之笔而存在。至今在一些老宅中，仍可寻得出自那个时代的手绘壁画、马赛克、彩绘玻璃等艺术作品。

《龙女》 上海国际饭店门厅壁画
张光宇　1930年
图片转自《中国壁画（上海美术学院卷）》

张光宇的《龙女》壁画中，法相端严而英明勇武的女神，仪态端庄，手持利剑与宝珠，凛然不可侵犯。在外敌入侵的年代，这件用油彩画成的巨幅壁画的诞生，蕴含着非凡的意义。[1]

与纪念碑、纪念雕像、建筑装饰雕塑一样，壁画也是作为西方意识形态的组成部分最先在近代上海租界的公共空间中出现的，但这些壁画的创作题材主要是围绕宗教、神话等展开的。从现存的壁画作品来看，皆有很高的艺术造诣，与建筑风格和所处空间环境浑然一体。

---

[1] 杨清泉.中国壁画（上海美术学院卷）[M].江苏：江苏凤凰美术出版社，2018：82—91.

这些壁画中很大一部分最初的受众乃是居住在上海的侨民。此后，多数壁画所存在的建筑空间在很长一段时期也仅对那些有身份或宗教信仰的人士开放，而非面向全体市民大众，不过这些壁画的出现也丰富了现代上海城市公共艺术的更多可能性。

第二节　1949—1977年的重塑期

一、上海雕塑创作的转型

1942年5月在延安举行的文艺座谈会上毛泽东的讲话，确立了主要是为工农兵服务的文艺政策，并指出"我们是主张社会主义现实主义的"。这一精神很快得到了上海文艺界的拥护，并开启了上海艺术创作的全面转型。

1950年，中国同苏联缔结了《中苏友好同盟互助条约》，1952年正式发表了《向苏联艺术家学习》的文章。中国的雕塑也由原来的法国模式改为苏联模式。中国开始大量引进苏联的雕塑书籍，并且按苏联模式设置人体和素描课程，并根据中国的国情，重新规划、设置雕塑教育模式，形成了"社会主义现实主义"下的雕塑理论、创作和教育体系。"社会主义现实主义"就是"要求艺术家从现实的革命发展中真实、具体和历史地描写现实。同时艺术描写的真实性和历史具体性，必须与用社会主义精神，从思想上改造和教育劳动人民的任务结合起来"[1]。

1949年5月27日，上海市区完全解放。28日，上海市人民政府成立。当时，在上海工作的雕塑家仅30余人。中央美术学院及其华

---

[1] 何帆.苏联工会群众文化工作教材[M].北京：工人出版社，1955：162.

东分院是当时全国美术教育的最高学府，其华东分院（1958年改称为浙江美术学院）雕塑系在雕塑教学上基本采用的是苏联的教学模式。从1954年开始，中央美术学院华东分院雕塑系的毕业生被陆续分配到上海，并成为中华人民共和国成立后上海首批雕塑专业的创作者和教育家。1956年，华东分院的三位雕塑专业的研究生应真华、严孟雄、章永浩受命到新组建的中国雕塑工厂华东工作队担任领导。1958年，中国雕塑工厂华东工作队并入上海美术设计公司，并改名为上海雕塑工作室。1961年，上海雕塑工作室又并入1959年成立的上海市美术学校（1960年改名为上海市美术专科学校，简称上海美专），成立了上海雕塑研究室。尽管期间经历了多次分分合合，但由于几位元老都深受社会主义现实主义的影响，他们又是上海雕塑创作和教育的主力军，所以这一时期上海的雕塑创作具有明显的社会主义现实主义印记。

中苏友谊像　1955年
图片转自《上海现代美术史大系·雕塑卷》

1953年，第一批苏联雕塑专家来到中国参加雕塑创作实践。当时，上海正在着手兴建中苏友好大厦（今上海展览馆），苏联方面派出雕塑家凯尔别、莫拉文和翻制专家叶拉金来中国参加此项目中的雕塑部分创作。1955年在中苏友好大厦二楼门厅建立了新上海首座室外雕塑中苏友谊像。这一雕塑的造型和风格与穆希娜的雕塑《工人和集体农庄女庄员》非常相似，一名苏联男子高举火炬与一名中国男子携手并进，整座雕塑气势宏伟、富有张力，让观者被其体现出的革命精神和英雄气概所感染，更坚定了共产主义必胜的信念，增强了人们的革命斗志。为配合这次创作，浙江美术学院雕塑系先后共派遣了26名师生参与这座高达7.7米的中苏友好纪念碑大型雕塑的创作。在这次实践中师生们也收获了大型雕塑放大与翻铸的宝贵经验。

然而，社会主义现实主义的影响并没有改变源于欧洲的传统雕塑创作和教学的写实训练方法，而是体现在审美功能的不同上，相较于法国，向苏联取经的结果是更强调社会主义现实主义，更强调雕塑艺术的教育意义，雕塑作品在表现题材上因此亦发生转变。

二、上海室外雕塑的破旧与立新

中华人民共和国成立之初，陈毅市长提出："上海是一座有革命传统的光荣城市，应该搞点纪念碑雕塑来教育子孙万代。"在他的主持下，有关部门组织了"上海市人民英雄纪念塔方案"征集活动，陈毅为此亲笔题字，在黄浦公园内隆重举行了奠基典礼。20世纪50年代中期，上海又向全国征集"五卅运动纪念碑设计方案"，得到周恩来总理的关怀。这两座纪念碑的建设，由于历史条件和其他原因被搁置下来[1]。

约翰·扬在《中国的现代公共艺术》一文中指出，"中华人民共和国成立后的第一批城市公共艺术所塑造和刻画的人物主要是公众熟悉一些的英雄、文学家、艺术家、诗人等历史人物，或者是那些以社会现实主义与浪漫主义相结合的手法塑造出来的具有坚定共产主义信念的革命者以及那些随时准备为了革命事业和共产主义理想

---

[1] 徐昌酩.上海美术志[M].上海：上海书画出版社，2004：51.

鲁迅坐像　萧传玖
1961年翻制成铜像

刘胡兰像　陈道坦　1957年

的实现奉献自己生命的人物和为社会主义建设奋斗不止的无产阶级者"[1]。1956年，为纪念鲁迅，在鲁迅先生诞辰75周年和逝世20周年之际，鲁迅墓由虹桥路万国公墓迁到虹口公园。鲁迅墓原仅有一块嵌有鲁迅瓷像的墓碑（现存上海鲁迅纪念馆）和少量石制祭具，自1956年鲁迅灵柩迁葬虹口公园后，不但新墓面积扩大到1 600平方米，在墓穴平台前，还增加了一座鲁迅的坐像。鲁迅坐像的作者是萧传玖教授。鲁迅身穿中式长衫，身躯微前倾坐在藤椅中，面容肃穆慈祥，目光炯炯，视向远方，左手握洋装书，充分体现了鲁迅这位伟大革命文学家的精神风貌。1961年3月，鲁迅墓由国务院公布为全国重点文物保护单位，是年又值鲁迅诞辰80周年，为筹划纪念活动，结合整修鲁迅墓，以国际惯例，将鲁迅的水泥像改铸成铜像，以示庄重和永久[2]。在铸像工作进行中，相应地将鲁迅坐像的底座及其周围的绿地进行改建，放

---

[1] 约翰·扬.中国的现代公共艺术[J].世界美术，1997（1）.
[2] 虞积华.追忆鲁迅铜像翻铸记[Z].上海：上海鲁迅研究，2005：145—146.

宽两侧通道，以利群众瞻仰铜像。

基于革命传统教育的需要，1957年，由陈道坦创作的刘胡兰像在上海市少年宫大草坪落成。刘胡兰像成功塑造了这位女英雄的大无畏精神和凛然正气，她昂首挺胸，双手握拳，大步向前。1960年，章永浩和毛承德共同创作的顾正红像在国棉二厂建成。这座水泥全身立像高2.5米，花岗岩基座高2.6米。顾正红右手紧握打梭棒，左手攒拳，双目怒视，威武不屈。人物造型生动，表现了顾正红烈士面对恶劣生存环境的殊死抗争精神。雕像基石正面刻有"顾正红烈士精神不死"，北面铭刻烈士生卒事迹。

从上海市人民英雄纪念塔、五卅运动纪念碑的预计建造以及鲁迅坐像、刘胡兰像和顾正红像的设立，到反映国家之间友谊的中苏友谊像，再到体现新上海工人精神面貌的《炼钢工人》等，不同题材和内容的作品分别有着"继往"与"开来"的用意，起到了缅怀、纪念上海这座城市的光辉历史、宣传革命传统的作用。

1967—1977年，上海各大专院校及某些厂矿机关掀起了塑造领袖像的热潮，据不完全统计，在此期间建立的大小领袖像不下于二三十座。1967年5月，中央人民广播电台向全国播报了新华社专稿《伟大领袖毛主席的巨型塑像在清华大学落成》，随即在上海的校园里产生了强烈反响。同济大学、复旦大学、华东师范大学、上海交通大学、华东理工大学等都建造了毛主席像。与此同时，除了为毛主席塑像外，还出现了以工农兵和英雄人物为主要塑造对象的雕塑作品，如设置在人民公园内的用水泥翻制的《为人民服务》（即张思德像），上海西郊公园（今上海动物园）里的《儿童团员》《草原英雄小姐妹》《欧阳海之歌》等。

此外，原本设立在上海土地上的那些由殖民者、地方士绅、民族资本家和国民党政府建立的纪念碑和纪念雕像多数被拆毁或迁

《草原英雄小姐妹》 葛云霆、张春良

《欧阳海之歌》 曹铎成复制

移。带有旧时代意象的伊尔底斯碑等纪念碑被拆除；李平书铜像被挪至蓬莱公园内；叶澄衷铜像在20世纪50年代初批判电影《武训传》时被移走，下落不明；陈英士纪念塔也被拆毁。

到20世纪60年代中期，一批优秀纪念碑和雕塑作品被大肆拆毁，其破坏程度之严重、破坏范围之广、破坏数量之多，令人唏嘘不已。在上海的室外雕塑中首先被拆毁的便是普希金纪念碑，碑顶的铜像被人拆下，用绳子捆绑拖走，碑身则被砸碎扔一地。一批近代建筑上的雕塑大量被毁，"如原字林西报馆外墙的裸体人像被水泥封住，至今无法复原；原永安公司和德国邮局顶部钟楼外的人体雕塑被拆毁；宋教仁的墓地被夷为平地，墓前宋教仁像以及墓顶雄鹰搏蛇的雕塑也毁于一旦；拆运至蓬莱公园的李平书铜像终于难逃厄运；佘山圣母大堂钟楼顶端圣母手托耶稣铜像也被推倒。基本上所有设立在公共场所或户外空间的雕塑像都受到了横扫"[1]。

这一时期，上海的室外雕塑在破旧与立新的轮回间形成了独有的面貌，其功能与上海近代的纪念碑和纪念雕塑有着明显的差异，被赋予了特定的使命，成为记录上海这座城市光辉历史、讴歌新社会、传播全新价值观念的重要手段。通过在上海的公共场所中设置领袖像以及具有英雄主义精神、具有坚定的共产主义信念的人物雕塑，让身处其中的人们被鼓舞与感化。这些作品不仅具有很高的辩识度，同时也获得了当时群众广泛的拥护与提倡，具有相当的公共性。然而，对历史遗存的无情破坏、损毁，却也带来了无法弥补的损失。

---

[1] 高春明.上海艺术史（下卷）[M].上海：上海人民美术出版社，2002：757.

第三节　1978—1999年的复兴期

一、上海城市雕塑相关政策的出台

1978年12月，中共十一届三中全会召开，提出了"百花齐放、百家争鸣"的新时代文艺路线，为城市雕塑的建设打开了新的格局。20世纪80年代伊始，上海在尚未成立与城市雕塑相关的组织机构时，有关部门便开始着手对上海城市雕塑的布局进行研究。一来是为了对那些被批判、被随意抛弃和遗忘的城市历史传统和文化记忆加以"修补"，二来则是隐含着"为历史还债"的意味。

1981年1月31日，中国美术家协会上海分会（简称美协上海分会）、上海市城市规划局、上海市园林局联合举办了"上海市城市雕塑设计展览会"，一时引起了全国的轰动。该展览会的举办不但表明用雕塑来美化城市的举措在上海得到重视，同时"城市雕塑"这一全新的概念代替了原本惯称的"室外雕塑"。

1982年8月，全国城市雕塑规划组正式成立，下设城市雕塑艺术委员会，明确了全国城市雕塑管理机构及建设方针和原则。上海作为全国城市雕塑的试点城市之一，对全国城市雕塑规划组的成立立即作出了积极的回应。1982年9月，上海市城市规划局、市文化局、市园林局、美协上海分会联合召开了"上海城市雕塑工作会议"。次年初，上海市城市雕塑规划组成立。1983年4月28日至5月8日，"上海城市雕塑设计观摩会"在上海美术馆举办，为龙华烈士、聂耳、冼星海等革命烈士和文化名人雕塑征稿，在创作动员时，主办方强调建筑师与雕塑家的合作。这次观摩会充分体现了公开与民主的原则，在观摩会上征求广大市民的意见，并通过座谈会的形式听取各方专家的想法。

1985年4月9日，上海市人民政府办公厅批复上海市城乡建设规划委员会，同意成立上海市城市雕塑委员会（简称市城雕委）。由市城雕委负责制定上海市的城市雕塑规划及有关条例，组织重点城市雕塑项目的竞赛、创作和实施工作，促进和协调全市各区、县的城市雕塑工作，在业务上接受全国城市雕塑规划组的指导。

"1986年6月17日，上海市城乡规划环境保护委员会（前身为市城乡建设规划委员会）批复市城雕委设立上海市城市雕塑艺术委员会。市城雕艺委会具体负责研究城市雕塑的规划，评审城市雕塑的选点、内容、创作设计稿，组织学术活动，与国内外雕塑家进行艺术交流等工作。"[1]

1987年2月23日，上海市第二次城市雕塑工作会议举行，对上海城市雕塑建设的相关问题进行探讨，并提出加强城市雕塑的领导和管理工作，提高城市雕塑质量，落实城市雕塑评检的要求。

20世纪90年代，上海的城市雕塑建设工作始于三次研讨会。上海市城市雕塑艺术委员会先后于1991年1月15日、19日以及2月12日召开研讨会，研究上海城市雕塑工作。会议指出上海城市雕塑要从"遍地开花"的建设转移到抓好重点项目，并且城市雕塑的建设要从相对封闭的空间转移到诸如城市广场、街道等人流量大的公共空间中，与此同时，征询公众意见，将对存在有碍市容、粗制滥造等问题的城市雕塑作品进行整改。

1992年，第三次全国城市雕塑工作会议同意把全国城市雕塑规划组更名为全国城市雕塑建设指导委员会，并制定了《全国城市雕塑建设管理办法》。同年，上海市举行了第三次城市雕塑工作会议。会上明确了今后上海城市雕塑的工作方向，公布了《上海城市

---

[1] 朱国荣.上海现代美术史大系·雕塑卷[M].上海：上海人民美术出版社，2018：100—101.

雕塑"八五"规划》和《上海城市雕塑管理办法》。《上海城市雕塑"八五"规划》中将上海城雕建设分浦东与浦西两大块予以规划。《上海城市雕塑管理办法》则重在对上海城雕建设中存在的诸多问题，比如选址、设计、制作等方面加以改进。

1994年10月，随着市城雕委"近期（1995年）10项城市雕塑工作计划"的提出，以及在其推动下上海各区县城雕组织的建立和健全，闵行、长宁、嘉定、宝山、徐汇、闸北、卢湾、虹口、静安、普陀、南市、杨浦、松江等区县先后成立了城雕领导小组，推动了上海城市雕塑在市、区县两个层面上的发展。

1996年3月，《上海市城市雕塑建设管理办法》由上海市人民政府颁布实施。市城雕委在抓城市雕塑建设的同时，也开始对那些存在粗制滥造、不合时宜或选址不当的城雕作品进行拆除和迁移。

从"城市雕塑"这一概念的提出，到上海市城市雕塑规划组的成立，再到上海市城市雕塑委员会、上海市城市雕塑艺术委员会的相继成立以及《上海城市雕塑"八五"规划》和《上海城市雕塑管理办法》的通过，上海城市雕塑的发展一步步走向规范化。

二、新的创作格局与学科的形成

1983年年底，上海大学美术学院（简称上大美院[1]）宣告成立。以原来在上海美专、上海美校任教的师资为基础，再从其他院校、美术出版社、油雕室等单位抽调部分骨干力量组建一支教师队伍。上大美院设有工艺美术系，附设陶瓷设计与研究中心，还有油画系、

---

[1] 2016年12月，在上海大学美术学院基础上正式成立上海大学上海美术学院。故书中论及2016年12月之后的上大美院时，将由上海大学上海美术学院之称谓代替。

第一章　上海城市公共艺术的历史沿革

国画系、雕塑系。原上海油雕室副主任章永浩调入上大美院后，担任首届雕塑系主任，负责组建雕塑系，并形成了由唐锐鹤（系副主任）、张海平、朱朴、张夫伍、宋海东等组成的教师团队。1985年，雕塑系招收了第一届6名本科生。至90年代末，上大美院雕塑系创作了多件具有代表性的大型公共雕塑，如章永浩的马克思恩格斯像、陈毅像，以及由上大美院雕塑系集体创作完成的第八届全国体育运动会主场馆的18个运动项目的雕塑品等。

1983年，上海市园林设计院成立，雕塑组作为设计院的下属单位，正式名称为上海市园林设计院雕塑创作室（简称园林雕塑创作室）。该室成立后为上海创作了大批城市雕塑作品，其中较为重要的如广中公园（今大宁灵石公园）的十件寓言雕塑，王晓明和陈适夷共同创作的《旋》等。

1985年11月，经市文化局批准，上海油画雕塑创作室更名为上海油画雕塑院（简称油雕院）。上海的诸多优秀城市雕塑作品都出自油雕院的艺术家之手，如余积勇与沈婷婷共同创作的五卅运动纪念碑、何勇创作的《打电话的少女》等。

上述三个专业单位的成立，形成了三足鼎立的格局，成为20世纪80年代至今上海城雕建设的中坚力量，造就了上海城市雕塑更多样的面貌，同时也

《打电话的少女》　何勇

为上海城市文化的发展做出了重要贡献。

1997年12月29日，上大美院的公共艺术设计专业作为重点学科建设项目通过论证。1998年，上大美院院长汪大伟提出以学科建设的思路来发展公共艺术，并在《装饰》上撰文介绍了上大美院"公共艺术"学科的建设情况。上海大学在美术学院原有的环境艺术基础上，将公共艺术设计细分为公共环境艺术设计、公共传播设计、公共设施艺术设计，作为重点学科立项。公共艺术设计主要涉及信息传播、环境艺术、绘画、雕塑等专业，并与社会学、传播学、应用经济学、建筑学等学科交叉，是一门综合性极强的复合性应用型学科[1]，该学科的设立，既是上海大学美术学院发展史上的一个转折点，同时也打开了21世纪的一个新兴学科的大门。1999年，上大美院建立了壁画艺术专业，成为上海地区唯一拥有壁画艺术教学的艺术学院。不同于其他艺术学院将壁画专业设置在美术学科下，上大美院的壁画艺术专业设置在艺术设计学科下，旨在形成设计学科下独具特色的壁画艺术专业人才培养和教学模式。这使得艺术创作与设计的兼容迈出了关键的第一步。

三、上海城市雕塑建设的风起云涌

（一）与市政建设同步的城市雕塑建设

20世纪八九十年代，上海城市建设以从未有过的速度迅猛发展。80年代，党和国家把工作中心转移到经济建设上来，全国纷纷为实现四个现代化而铆足干劲。上海一方面着手建设了闵行、虹桥、漕河泾等经济技术开发区以及一大批新型重大工业项目；另一方面，

---

[1] 汪大伟.公共艺术设计学科——21世纪的新兴学科[J].装饰，1998（6）.

第一章 上海城市公共艺术的历史沿革

隧道、公路等一大批市政交通工程相继建成,并着手设计与建设地铁工程。同时大量新住宅建成,并修复和新建了一批与新住宅配套的小型公园,大大改善了上海的居住水平。除居住建筑外,其他各类大型公共、商业、办公建筑,也以极快的速度得到发展。上海铁路新客站和十六铺客运码头的建成,虹桥国际机场的扩建,则为上海的"大门"树立了新的形象。上海大量文化设施的建成,给上海市民提供了更好的文化生活环境。这一轮城市大改造,使上海城市公共设施和市区绿地得到了显著的增加,为上海城市雕塑的建设创造了理想的空间。从20世纪80年代中期开始,城市雕塑作品与设置场所环境的契合度愈加受到关注。

1986年,在西郊虹桥路拓宽工程竣工的同时,一批新创作的城市雕塑作品被设置在虹桥路沿线,如刘锡洋创作的不锈钢雕塑《苗》、程树人创作的汉白玉浮雕《热爱生活》、吴镜初创作的花岗石雕刻《音乐·歌舞》等。1987年,为配合肇嘉浜路拓宽工程设置了由唐世储和曾路夫共同创作的三座以中国成语故事为题材的《东郭和狼》《伯乐相马》和《猴子捞月》的城市雕塑作品。

南浦大桥建成后,先后落成了七座雕塑,其中包括位于南浦大桥浦西段绿地的由吴进贝创作的不锈钢雕塑《敬礼!大桥建设者》,位于南浦大桥浦东一侧的由唐世储、余积勇共同

《敬礼!大桥建设者》 吴进贝 1991年

创作的《纽带》等。

另一批具有重要时代意义的大型城雕项目是配合外滩第三次改造而共同推出的。1991年，在外滩的第三次综合改造中，雕塑作为城市文化与景观的重要部分受到特别的关注。在一期改造阶段，形成了陈毅广场、人民英雄纪念塔等多个纪念与景观区域，同期三座圆雕《上海儿女》（之一、之二为杨剑平作，之三为张海平作）和三块浮雕《浦江颂》（张海平作）在福州路外滩落成。1993年在二期工程竣工时，由张海平创作的《浦江之光》不锈钢装饰雕塑也一同落成。之后在金陵东路外滩又落成了两件抽象作品，分别是姚贻周创作的《帆》和吴进贝创作的《风》。除此之外，1992年虹桥国际机场改建时，在候机楼东面的绿地上落成了由张海平创作的《飞虹》。1995年在新客站商业网点改造时，杨冬白创作的大型不锈钢雕塑《玉兰印象》落成。这些城市雕塑作品的出现，为当时上海的街头增添了一份浓郁的现代艺术氛围。

（二）城市雕塑创作题材、形式语言的丰富

改革开放后，尤其是迈入20世90年代，雕塑家们不断融会新知，令上海的城市雕塑呈现出多样的面貌，在创作题材和形式语言方面都大有突破。

在艺术文化题材方面，强调关注当代艺术潮流，反映文化、科技、教育、体育、建设等内容。1996年，第三届全国农民运动会在上海召开前夕，作为农民运动会主场的松江县体育场西大门两侧绿地上落成了四座表现体育题材的雕塑，分别是刘庆安创作的《冲刺》、余积勇创作的《手足之争》、喻平创作的《角力》以及姜荣根创作的《韵》，表现了田径、足球、摔跤和体操运动的精彩瞬间和运动员的拼搏精神。四座雕塑分别由着色钢板、锻铜、铸铜和不锈钢锻造制成，在雕塑材质的运用上颇具特色。

在历史文脉题材方面，旨在反映上海在中国近代城市发展史、革命史和民族工业发展史中的重要地位，并通过城市雕塑来串联起一度被割裂的城市历史文化传统，唤起人们日渐淡忘的公共记忆。历史题材一直以来都是上海城市雕塑最主要的表现题材，步入新时期后，上海以历史题材为主的城市雕塑大致可分为两大类：一类是纪念各种重大历史事件的纪念碑、纪念雕塑，另一类则是纪念具有重要作用的历史名人或英雄人物的纪念雕像。该题材的城市雕塑愈加关注对艺术本体语言的探讨，强化了雕塑作品本身的艺术表现力和感染力。

1995年，龙华烈士陵园由叶毓山创作的主题雕塑《独立、民主》和《解放、建设》落成，之后田金铎创作的《四一二殉难者》、汤守仁创作的《少年英雄》等七组雕塑陆续建成。1999年清明前夕，《万众一心——上海军民抵抗日军侵略》和《丹心》两组大型纪念雕塑在龙华烈士陵园落成，这标志上海龙华烈士纪念雕塑园全面建成。十组雕塑大多采用现实主义与浪漫主义相结合的艺术表现手法，是中国现代艺术的精华。这些材质不同、形态多样、气势恢宏的纪念雕塑汇聚一园，形成了富有艺术特色的纪念性景观[1]。

1984年1月27日，宋庆龄像在宋庆龄陵园落成。该像由张得蒂、郭其祥、孙家彬、张润垲、曾路夫合作完成，总高350厘米，由汉白玉雕凿而成。雕塑家们塑造的是宋庆龄晚年的形象，面容慈爱和善，身披围巾，双手交叠于膝，显得雍容高贵。

1985年5月，由章永浩创作的马克思恩格斯纪念像在复兴公园

---

[1] 上海文化年鉴编辑部.2000上海文化年鉴[M].上海：上海文化年鉴编辑部，2000：265.

宋庆龄像　张得蒂、郭其祥、
孙家彬、张润垲、曾路夫
1984年

马克思恩格斯纪念像　章永浩　1985年

普希金纪念碑　齐子春、高云龙
1987年恢复

北草坪隆重落成。马克思恩格斯纪念像为花岗岩材质，主立面朝南，两位伟人并肩而立，头向中间微侧，目光远眺，马克思右手依石而立，左手插入大衣口袋；一旁的恩格斯敞开大衣，两手背后。两人的下半身逐渐融于大石之中，碑石的下部刻有两位伟人的生卒年份。作者旨在表现他们亲密无间的战斗友情，同时也暗含对共产主义信仰坚如磐石的信念。

曾几度拆建的普希金纪念碑，在1987年8月普希金逝世

第一章　上海城市公共艺术的历史沿革

150周年之际，由齐子春、高云龙重建，在位于汾阳路、岳阳路、桃江路三岔路口的街心花园原址落成。普希金纪念碑总高5.5米，其中铜像高0.9米。碑身正面与侧面分别用中文和俄文刻了"俄国诗人亚历山大·谢尔盖维奇·普希金纪念碑"字样以及生卒年份，另一侧面则刻有初建和两次再建的时间以及第三次重建的建造单位和作者姓名。

1988年，应市城雕委委托，由刘开渠创作的蔡元培像在上海静安公园落成。蔡元培像是刘开渠晚年最具代表性的作品之一。该像的头部造型与刘开渠在1947年创作的蔡元培胸像几乎如出一辙，采用了写实主义的创作风格。

坐落于南京东路外滩的陈毅像是上海的城市标志之一，建于1993年，由章永浩创作，总高9米，青铜像高5.6米。陈毅像坐北面南，他面含微笑，右手自然下垂，左手叉腰挽着大衣。雕像表现的是陈毅市长视察工作时风尘仆仆又平易近人的形象。枣红色花岗石贴面的矩形基座正面刻有"陈毅"两字及其生卒年份。

由张充仁创作于1992年的聂耳像也有着非常高的艺术造诣。聂耳像位于淮海路、复兴西路、乌鲁木齐中路交汇处的街心花园。该像高3.8米，站立在1.2米高的基座之上。其造型表现的是聂耳指挥大合唱时的动作，形神兼备，动感十足。

陈毅像　章永浩　1993年

聂耳像　张充仁　1992年

　　1999年11月，多伦路文化名人街首批文化名人雕像建成，它们是鲁迅与瞿秋白像（章永浩作）、冯雪峰与黄包车夫像（陈妍音作）、叶圣陶与报童像（余积勇雕塑工作室作）、丁玲像（吴慧明作）、沈尹默像（余积勇雕塑工作室作）和内山完造像（余积勇雕塑工作室作）。这些雕像撷取了名人生活中的瞬间，他们或站或坐或走或交谈，神情生动自然，人物与环境融会一体，浓郁地营造出20世纪二三十年代上海的人文风情[1]。后因一些雕像破损严重等原因，2006年，由市城雕委办公室和虹口区政府共同投资重新创作了十座文化名人雕像。落成的雕像同样是以20世纪二三十年代为时代背景，以曾在多伦路、山阴路一带居住、生活，并对中国新文化产生重要影响的鲁迅、郭沫若、茅盾、叶圣陶、瞿秋白等十位文化名人为原型进行塑造，聘请了当代中国最具实力的中青年雕塑家曾成钢、罗小平、杨剑平、夏阳、向京等人创作[2]。

---

[1] 上海文化年鉴编辑部.2000上海文化年鉴[M].上海：上海文化年鉴编辑部，2000：266.
[2] 上海文化年鉴编辑部.2006上海文化年鉴[M].上海：上海文化年鉴编辑部，2006：293.

第一章 上海城市公共艺术的历史沿革

内山完造像　余积勇雕塑工作室　2006年

丁玲像　吴慧明　2006年

叶圣陶与报童像　余积勇雕塑工作室
2006年

沈尹默像　余积勇雕塑工作室　2006年

在民俗生活题材方面，旨在反映当代城市生活场景、文化时尚、民俗风情，描述人情、亲情、友情，追求新时代的人性之美。表现少女形象的雕塑作品在20世纪80年代上海的城市街头、公园中较为多见。其中较受市民欢迎的作品包括1983年设立于乌鲁木齐南路、东平路、桃江路三岔路口绿岛上的由王晓明、陈适夷共同创作的《旋》，1984年设置在虹桥开发区中山西路、延安西路街头绿地的由徐侃创作的《嬉水少女》等。此外，在20世纪90年代末设置在南京路步行街上的三座青铜雕像《一家人》（齐子春、王晓明作）、《假日》（赵志荣作）和《购物归来》（章永浩作）和位于淮海中路、茂名南路街口地铁出入口的《打电话的少女》(何勇)等城市雕塑作品都受到了公众广泛的关注和喜爱。

《一家人》 齐子春、王晓明 20世纪90年代末　　《假日》 赵志荣 20世纪90年代末　　《购物归来》 章永浩 20世纪90年代末

在寓言故事题材方面，1987年，在肇嘉浜路拓宽工程完成后，由唐世储和曾路夫共同创作的三座以中国成语故事为题材的作品《东郭和狼》《伯乐相马》和《猴子捞月》，分别设置在肇嘉浜路绿化带的橡胶厂前、宛平路口、唱片厂前。同年，广中公园（今大宁灵石公园）的七件寓言雕塑作品《滥竽充数》（程树人作）、《鹬蚌相争》（刘锡洋作）、《守株待兔》（朱晓红作）、《孔融让梨》（吴镜初作）、《闻鸡起舞》（王晓明作）、《曹冲称象》（姚贻周作）和《东

《孔融让梨》 吴镜初 1987年　　《滥竽充数》 程树人 1987年

郭和狼》(葛云霆作)落成。

20世纪80年代至90年代,上海城市雕塑不但在创作题材上有了很大的拓展,在形式语言方面也有了新的面貌,形式语言的创新是这一时期上海城市雕塑的又一主要特征。一方面,遵循现实主义创作道路的主流艺术朝着一个新的目标发展;另一方面,受西方兴起的当代艺术的影响,传统的欧洲古典主义与苏联的现实主义造型语言不再是上海城市雕塑唯一的表现方式,与巨细靡遗的艺术表现不同,概括、简洁、提炼、虚实成为雕塑作品的追求。这种努力较早表现在对于装饰美、形式美的追求上,具有一定工艺美术的意味,运用夸张、变形的手法与具体的形象相结合,既能契合人们的传统审美习俗,较易为大众所接受,又更符合现代建筑的风格,与环境关系更为融洽。类似的尝试如张海平创作的《浦江颂》,李荣平、齐子春、潘学修共同创作的《生命颂》,刘庆安创作的《争艳》等。这一时期的纪念性、主题性的城市雕塑,在手法上常常运用大写意的简洁处理方式,局部合理的夸张与概括,着力深入塑造人物的精神世界,求新求变。此类的实践如章永浩创作的马克思恩格斯纪念像,余积勇、沈婷婷创作的五卅运动纪念碑的圆雕和浮雕等。抽象雕塑的出现为当时的上海街头带来了一丝清新的现代气息。比如杨冬白创作的设置在上海图书馆前绿地上的《智慧树》,该作品以不锈钢为材,整体由流畅的曲线和弧面组成。此外,张海平创作的《浦江之光》、姚贻周创作的《帆》和吴进贝创作的《风》等,都是这一时期颇具代表性的作品。

四、上海壁画的方兴未艾

改革开放为上海的壁画发展创造了全新的生存空间。随着现代化楼群的拔地而起，地下公共空间被不断开辟出来，各类建筑与公共设施之中壁画的出现频率不断增加，壁画的发展呈现出方兴未艾之势。除了纪念上海这座城市过往的历史事件、历史人物外，一些具有装饰性的，体现现代城市生活方式、文化特色等富有时代气息的壁画作品逐渐多了起来。

20世纪90年代重大题材的壁画创作在上海的各大公共场所出现，这些壁画无声地诉说着上海的历史，也成了爱国主义教育的新景点。1990年，余积勇、沈婷婷创作的五卅运动纪念碑在人民公园北侧隆重落成。五卅运动纪念碑包括了主体雕塑、圆雕和浮雕墙三个部分。主体雕塑的造型由汉字"五卅"变化而来，呈放射状伸展，充满张力和动感；在主体雕塑后侧的双人圆雕铜像《前赴后继》，人物造型浑厚有力，带有明显的立体主义风格；衬托圆雕像的是一面弧形的浮雕墙，正面镂刻着陈云题写的"五卅运动纪念碑"七个鎏金大字，背面为大型浮雕《历史的回声》，画面表现的是对五卅运动的回顾，同样运用强烈的立体主义手法，简单的几何造型被排列组合成一个个充满力量感的人物形象。

1994年5月27日和9月15日，为上海市人民英雄纪念塔配置的

五卅运动纪念碑　浮雕　余积勇、沈婷婷
1990年

五卅运动纪念碑　圆雕　余积勇、
沈婷婷　1990年

第一章 上海城市公共艺术的历史沿革

大型铸铜圆雕《浦江潮》和大型花岗岩浮雕《革命斗争风云》相继落成，分别置于黄浦公园入口处草坪上和人民英雄纪念塔下沉式广场四周壁面上。《革命斗争风云》浮雕长120米、高3.8米，共计300多平方米，分为7组画面，分别表现了"抗英斗争、小刀会""传播民主革命思想""在中国共产党领导下的上海工人运动——三罢运动""中国共产党的建设——中共一大会议""抗日战争""第二条战线——护厂、护校""上海解放"的内容，辅以装饰性图案，浓缩地反映了自1840年鸦片战争到1949年上海解放期间，上海人民英勇奋斗、百折不挠的革命业绩。浮雕中共有97个人物和10余个

《革命斗争风云》 赵志荣、俞晓夫、康勤福、周长江、任丽君、卢治平 1994年

典型的历史场景。整幅浮雕由上海油画雕塑院赵志荣、俞晓夫、康勤福、周长江、任丽君、卢治平共同设计，由10余位雕塑家放大制

《文明》 卢治平 1989年
图片转自《中国壁画（上海美术学院卷）》

作，耗时1年6个月终告完成[1]。

在追求建筑外部造型奇特、新颖的同时，许多宾馆酒店和办公楼开始在其建筑内部进行装饰，其中一些具有较高素养的经营者纷纷意识到艺术作品营造出的人文气息是那些冰冷的现代建筑材料无法实现的。于是，很多艺术家便开始被邀请为建筑进行壁画创作。威斯汀太平洋大饭店的《文明》系列漆艺壁画作品完成于1989年，由艺术家卢治平创作。该系列作品以"中日之间的文化交流融合与相互映衬"为主题，中国的长城、佛龛、朱红宫门以及日本的浮世绘、佛塔等元素被选为代表两国文化的符号，并采用漆艺、镶嵌、雕刻等能够体现两国文化传统的技艺，在穿插与融合间，构成了一幅和谐而不失特色的画面。

地铁作为上海最繁忙和重要的交通工具，在每天的迎来送往间已成为宣传上海的关键窗口。上海地铁从建设一开始就重视地铁公共文化。壁画是上海地铁公共空间最惯用的公共艺术表现形式，这

---

[1] 上海文化年鉴编辑部.2011上海文化年鉴[M].上海：上海文化年鉴编辑部，1995：234.

与地铁车站的空间特点以及大人流、高运能有关，设置于其中的作品必须满足不阻碍行人正常通行并经久耐用的要求。

自1995年上海地铁1号线一期工程全线通车运营以来，地铁公共空间便一直是

《车轮滚滚》 同济大学

面向公众进行艺术展示的平台，如衡山路站由同济大学创作的大理石、不锈钢浮雕《穿梭》；人民广场站由同济大学创作的不锈钢浮雕《上海建筑神韵》；黄陂南路站由上海大学美术学院创作的水晶玻璃热弯、玻璃雕刻《起源》；延长路站由上海贝贝埃艺术设计的紫铜、黄铜浮雕《海之流》以及上海火车站由同济大学创作的大理石浮雕《车轮滚滚》等。

1978—1999年，在各方的共同推动下，上海的城市公共艺术得到了较好的发展，公众的公共意识不断增强。由于这一时期出现的城市公共艺术作品众多，无法一一枚举，故而我们只是就部分具有代表性的案例进行研究，但从整体来看，无论是城市雕塑还是壁画，都越发关注与环境的契合度，以多样的面貌展现在人们面前，在纪念城市文化传统的同时，积极拥抱当下、展望未来，开始频繁地与公众的日常生活产生关联。公共艺术作为一种文化表征，由于所在区域各异的文化属性，被赋予了多元化的公共性内涵，折射出新时期上海多元化的文化公共性。以城市雕塑与壁画为主的城市公共艺术形式虽未在这一时期得到突破，但却为21世纪上海城市公共艺术的进一步发展奠定了基础。

第二章
上海城市公共艺术的新发展

迈入 21 世纪后,上海城市公共艺术进入全新的发展阶段,公共艺术的功能和公共性内涵得到不断丰富。多项与上海城市公共艺术发展相关的政策相继颁布,为上海城市公共艺术的进一步发展奠定了良好的基础,而美术馆公共教育的推进则为普及公共艺术起到了非常重要的作用。上海城市公共艺术的实践空间也从城市绿地、公园、广场等公共场所延伸到地铁、社区等公共空间。在城市雕塑持续繁荣的同时,壁画、装置艺术等不同类型的公共艺术形式也纷纷介入城市的公共空间中。这种多空间、多形式的拓展背后折射出的是上海城市公共艺术更加多元化的公共性以及更加以人为本的一面。市民有了参与公共艺术创作的机会,由相对被动的参与欣赏转变为积极主动的参与体验。

第一节 上海城市公共艺术相关政策与艺术教育的改良

一、多方位的政策支持

近年来,上海的城市规划政策中也涉及了公共艺术,并且文化产业政策之外的公共文化政策也相继出台。

2004年，上海市人民政府在《上海市城市总体规划（1999—2020年）》的框架下颁布了《上海市城市雕塑总体规划（2004—2020）》，用以指导城市雕塑所涉及的城市公共空间的规划、设计以及城市雕塑的选址、策划和实施管理。具体包括以下几个方面：一是明确了上海城市雕塑规划的目的、依据、地位、作用、规划期限、规划区范围；二是明确了规划的指导思想和目标；三是确定了规划的布局原则；四是划分了上海城市雕塑的题材并进行整体定位；五是指出了近中期建设规划的原则、目标和主要项目；六是提出和完善了雕塑建设运作机制和管理体制。《上海市城市雕塑总体规划（2004—2020）》的贯彻落实已接近尾声，实现了大部分的规划建设目标，包括上海城市雕塑公园、世博会雕塑广场、世纪大道、延虹绿地、延中绿地、临港新城南汇嘴、大宁绿地等城市雕塑项目。城市雕塑作为上海城市公共艺术的一部分，长期占有举足轻重的地位。《上海市城市雕塑总体规划（2004—2020）》的制定与实施使上海的城市雕塑在数量、质量以及覆盖面等方面都有了飞跃式进展。

2016年，上海市人民政府组织编制了《上海市城市总体规划（2016—2040）》（草案），该草案作为上海辖区内城市规划、建设管理的基本依据和法定文件，是引领上海未来城市发展的重要纲领。该规划草案概述了规划的定义、特点、机制和成果体系，提出了迈向卓越的全球城市的愿景，阐述了规划的空间体系，明确了规划的目标，规定了规划实施保障。该草案是上海到2040年为止城市发展的依据，其中有多项计划直指上海城市公共艺术的发展（详见第三章）。

2016年，中共上海市委办公厅印发了《上海市"十三五"时期文化改革发展规划》，该规划是上海建设全国文化中心和基本建成国际文化大都市的行动纲领与基本遵循。《规划》总结了"十二五"规划的实施情况，分析"十三五"上海文化建设的环境、机遇和挑战，提出"十三五"文化改革发展的指导思想、基本原则，重点阐释主要目标。其中，主要目标由一组总目标和九个分项目标组成。总目标是：加快建设具有全球影响力的科技创新中心，基本建成"四个中心"和社会主义现代化国际大都市。九个分项目标是：继续推进社会主义核心价值体系建设、逐步建立现代传播体系、大力完善文化产品创作生产体系、基本建成布局合理及功能完善的公共文化设施体系、率先建成现代公共文化服务体系、健全现代文化产业体系和文化市场体系、构建中华优秀传统文化传承体系、不断健全文化管理体制和运行机制、日益完善文化开放格局。这些规划的目标与未来上海城市公共艺术发展趋势的关系尤为密切。

  2016年12月25日，由全国人民代表大会常务委员会发布的《中华人民共和国公共文化服务保障法》（以下简称《保障法》）属于我国公共文化领域的"基本法"。主要内容包括以下几个方面：一是对公共文化服务的概念和范围作出明确界定；二是提出了公共文化服务应当遵循的主要原则；三是明确了公共文化服务体系建设的若干重要制度；四是规定了政府在公共文化服务体系建设中的重要责任；五是规定了公共文化设施建设与管理的有关法律程序和提供公共文化服务的主要内容、形式和管理责任等。此外，还对违法行为的法律责任等作了相应规定。《保障法》的出台弥补了我国文化立法的短板，有助于推动公共文化服务体系的不断完善[1]。公共艺术

---

[1] 徐路李，楠孙，掌印.公共文化服务法治保障机制研究——基于《中华人民共和国公共文化服务保障法》的思考[J].图书馆，2017（6）.

与公共文化服务体系互动互进，公共文化服务体系的完善，必定会助推上海城市公共艺术的发展[1]。

二、面向公众的艺术教育

迈入21世纪后，尤其是2010年以来，面向市民大众的艺术教育在上海的各个美术馆中相继开展起来。中华艺术宫、徐汇艺术馆、刘海粟美术馆、上海民生现代美术馆等都于2010年后开展了精彩纷呈的公共教育活动。美术馆的公共教育中会涉及向公众介绍和普及公共艺术的部分，并且从当代艺术延伸到戏剧、音乐、文学等，包罗了艺术的各个面向，不仅将公众"迎进来"，同时也让精品讲座、课程"走出去"，有效提升了公众对艺术文化的兴趣和艺术文化修养，而这正是促使公众参与公共艺术实践的动力与基础。

2012年，中华艺术宫正式对外开放，作为国内最早开设公共美术教育的美术馆，中华艺术宫不仅承担着服务艺术家、呈现艺术作品的职能，同时也不断服务于社会。中华艺术宫在2017年开设讲座100多场，参与人数近4万人，有时周末2天的讲座、体验性活动同时进行。5年来接待观众1 230万人次。中华艺术宫以不同类型、层次的公共教育活动满足不同年龄、文化水平的社会人群。除了定期推出"上海美术大课堂"艺术普及讲座和"艺文会""四季品剧"等面向社会大众的讲座外，还于2013年率先在全国美术馆中以文教结合为理念开辟常设的艺术教育长廊，在举办各类儿童特色教育展览的同时，用亲子阅读、动手体验等更具参与性的方式开启美术启蒙教育的"第一课"。在"迎进来"的同时，中华艺术宫也尝试"走出去"，

---

[1] 上述相关政策对上海城市公共艺术发展趋势的影响详见第三章。

通过开展"快乐330"进校园工程,将有艺术教育经验的志愿者派遣到上海的各个中小学校中,用现场授课的方式对课本教育进行延伸,"流动的美术馆"则是把优秀少儿作品送到学校、社区巡展。

"迎进来"和"走出去"的理念在徐汇艺术馆的公共教育中也被充分贯彻。除了长期以讲座的形式开展"名师大讲堂"外,从2010年起徐汇艺术馆联手徐汇区青少年活动中心推出了"牵手美术"未成年人"美育卡"项目,并将"美育卡"发放至徐汇区内的50余所学校、上海大学美术学院附中、小主人报新闻学校等美术教育机构,让美术馆成为未成年人的校外课堂。持该卡参观徐汇艺术馆和相关合作单位的学生到展厅服务台刷卡登记便可获取积分,并可用积分换取相应的奖品。该活动受到了媒体的高度关注,也获得了学生、家长以及学校老师的认可和好评。近年来,"美育卡"项目受众面得到扩展,从未成年人扩展至白领人群,不断为美育普及工作提供服务。与此同时,徐汇艺术馆还邀请专业的美术教师将创意课程送去徐汇区内的公办学校,为美术兴趣班的学生授课。

上海当代艺术博物馆与中华艺术宫一样也是从世博场馆转型而来的。该馆长期致力于公共教育,自创立伊始便坚持为不同年龄段、不同知识背景的市民服务,每年平均提供讲座、演出以及儿童艺术体验活动等约400场,将抽象、难懂的当代艺术用市民可以理解的方式进行解读与诠释。上海当代艺术博物馆在2016年3月成立了"创意延伸空间"。该空间以工作坊为原点,将教育、展览、产品、休闲串联成有机生产链,是一个自学+自治的体验性空间。上海当代艺术博物馆力求以更亲民和贴近日常的姿态启发思想、激发体验,从当代艺术的切面鼓励人们对于生活本身的审美和审视。

2016年,刘海粟美术馆新馆开馆,为配合开馆展"再写刘海粟"艺术大展,同期举办了各类公共教育活动,包括讲座、纪录影像播映、手工坊等共计近130场。如今也会定期开展面向公众的艺术讲座、工作营、工作坊等教育活动。

作为民营的公益美术馆，上海民生现代美术馆每年要举办近百场的公共教育活动，通过建立如"诗歌来到美术馆""美术馆众议院""上海制造"等一系列品牌活动，给美术馆注入了活力。除了将艺术家、美术教师、志愿者、观众"请进来"外，上海民生现代美术馆还不断尝试与院校、社区、企业等合作，使美术馆的公共教育走进校园和社区，令美术馆的公共教育的职能日趋社会化。

2018年6月1日施行的《上海市美术馆管理办法（试行）》中规定，美术馆是必须"具有收藏、研究、展览、公共教育、文化交流等功能，经登记管理机关依法登记并面向公众开放的非营利性机构"。教育功能逐渐成为美术馆存在的新价值。美术馆成为普及公共艺术教育的重要平台。随着上海各类美术馆的兴建，美术馆的职能不断拓展，无论是公立美术馆还是民营美术馆，公共教育都已经或正在成为美术馆的重要职能之一。

此外，成立于2011年的上海公共艺术协同创新中心，既是教学、科研资源整合、协同的管理平台，也是以知识服务构筑的利益协同体。其主要职能包括运作国际工作营、驻地艺术计划、艺术项目、艺术展览、沙龙讲座、研究生教育培养等。相较于美术馆的公共教育，该中心主要针对公共艺术进行普及教育。

第二节　上海城市公共艺术空间舞台的延伸

一、雕塑公园与雕塑广场

随着《上海市城市雕塑总体规划（2004—2020）》的颁布和贯彻

落实，步入21世纪后，上海的城市雕塑建设继续呈现出一片繁荣的景象，除了特定地点的单体雕塑设置外，城市雕塑公园与城市雕塑广场的建设在2000年后逐渐兴起。相较单体雕塑较为分散的设置方式，雕塑公园与雕塑广场往往是将多件雕塑作品进行较为集中的设置。分散设置时，一个地点基本上只有一件独立的作品，所以必须形成其单独存在的意义，并与环境特色相匹配；而在集中设置时，人们则会将这些作品看成是一个集群，单个作品和它所处的作品集群一起创造了它们的存在意义，所以往往在满足作为美术作品的基本条件外，首要关注的是它和其他作品的协调性。集中设置更容易聚集人群的目光，使作品群成为地方的焦点，并引发话题。雕塑公园、雕塑广场的出现丰富了所在地的人文景观，让人们能感受艺术的美好，带来了更多公共艺术的共享性和高雅生活的可能性。

　　2001年12月1日，位于青浦淀山湖畔的上海市青少年校外活动营地"东方绿舟"建成并试运营。在"东方绿舟"中，有一条900米长的"知识大道"，两旁云集着162位对人类科学、文化发展做出过杰出贡献的中外科学家、文艺家、思想家的雕塑。百余座雕塑作

东方绿舟"知识大道" 2001年

品呈现出多姿多彩的面貌，有的还运用了声、光、电等科技手段。"东方绿舟"成了一座富有特色的"伟人雕塑公园"。

2005年，位于上海佘山国家旅游度假区的月湖雕塑公园正式对外开放。在公园的各个区域配合景观特色设置了以"月湖"为主题的80余件优秀雕塑作品，包括英国、德国、意大利、塞尔维亚、保加利亚、日本等多国艺术家的作品。

《三个回转》 伊藤隆道 2005年

《中国圆屋顶》 大卫·纳什 2005年

2006年，"和谐—具象：2006上海国际城市雕塑邀请展暨长寿公园文化广场落成典礼"在长寿公园中心广场举行。该展览由上海大学美术学院雕塑系策划，邀请中国、美国、德国、荷兰、法国等

《和弦》 蒋铁骊 2006年

《穿越》 考夫曼 2006年

国家的艺术家参展，共展出18组、25件中外艺术家以"和谐—具象"为主题创作的雕塑作品。

上海浦江华侨城是位于上海闵行区浦江镇中心的大型社区，华侨城当代艺术中心的创始人黄专在2007年发起了"上海浦江华侨城公共艺术计划"，至今已有10余年。通过展览，华侨城每年收藏相应的作品，并有机和永久地将这些经典艺术之作安放于社区的公共环境中，形成一座无墙的博物馆。可以说公共艺术为上海这座充满魅力的国际化大都市带来了更多公共艺术的共享性和高雅生活的可能性。

《新物种——观看》 汪建伟

《丛林》 琴嘎

2008年2月，上海静安雕塑公园（一期）正式开园，该雕塑公园的展品在上海静安国际雕塑展的基础上不断充实。2010年，首届上海静安国际雕塑展在此举办，展览由静安区人民政府、市城雕委联合主办，此后每两年举行一次。展览作品皆来自国内外的知名艺术家，在展览结束后，部分展品如《航磁》《城市狐狸》被永久保留在公园内。

在2010年上海世博会召开前夕，世博园区内陆续建成了四大雕塑项目，集结了中国、美国、澳大利亚、日本、俄罗斯、意大利、法国、比利时、古巴、德国等几十个国家的雕塑作品。作为文化建

第二章 上海城市公共艺术的新发展

《航磁》 阿纳·奎兹

《城市狐狸》 艾利克斯·林斯

设的载体之一，雕塑艺术不但美化了世博园区的环境、提升了园区的文化内涵，而且对世博会主题的演绎、理念的推广起到了巨大的推进作用。世博园区四大雕塑项目包括：世博轴雕塑艺术长廊、沿江景观带、主要入口广场和江南广场。世博轴雕塑艺术长廊是一条贯穿世博园区浦东、浦西世博轴核心活动区域和景观空间的雕塑艺术长廊。该长廊共设置了19件雕塑作品，如《梦石》《乌托邦花园》等；以"科技创新"与"创造力"为主题，展示的主要为强调艺术性的抽象雕塑作品，以此反映"科技促使城市进步，科技引导城市和谐"的主旨，体现技术创新和面向未来的世博会理念。沿江景观带有后滩、世博、白莲泾三个公园，设置了27件雕塑作品，后滩公园有6件雕塑，如《鸟之图腾》《父子情》《壶》《石语》《orb网》等，着重表现人类与自然的对话。世博公园有11件雕塑，如《汉葵》《都市草人》《城市意象》等。白莲泾公园有10件雕塑，如《风能咖啡馆》《气泡门》《白马与水兵》等。这些作品充分体现了浦江生态特色主题，自然、人文和历史景观有机结合，同时将科技与文化艺术内涵赋予人文景观中。主要入口广场共设置了8组雕塑，如上南路主要入口广场上的《欢庆》，鲁班路主要入口广场上的《中国结》等。这些作品多采用抽象风格，具有很高的可识别性，起到了很好的导向作用。江南广场的雕塑项目有根据现场环境量身定做的7件地景艺术作品，如《梦想 摇篮 145》《历史的浮标》等，和以各式工业部件进行再创作的15件主题雕塑，如《老上海印象》《记忆的残片》等，展示了工业遗存别样的美。通过协调雕塑作品与环境，构建了一个兼具秩序与灵动的景观场所。

二、交通空间

交通空间正在不断超越其基础的交通职责，担负起更多的社会责任，成为各种文化交融的平台。迈入21世纪后，上海城市公共艺术在机场、地铁站这样的交通空间中普及开来，润色空间、交融文化、反映城市社会风貌。上海交通空间的艺术作品传承了传统，也融入了新材料和高科技，得时代之风。上海交通空间的艺术作品记录了历史，是城市心灵的写照；同时也立足于当下，成为城市巨变的见证。上海交通空间的艺术作品更面向未来，不断地向我们展现出"城市，让生活更美好"的愿景。

机场在旅客心中不仅只是传统观念中的交通驿站，机场环境的舒适度、愉悦性愈加受到重视。在机场中增添艺术作品是打造一座文化机场不可或缺的一部分。上海浦东国际机场作为世界级的空港，在2010年上海世博会召开前夕，把视线投向机场文化艺术环境的塑造，推出了名为"归去来兮——艺术让生活更美好"的艺术项目，一时间令机场内洋溢出浓郁的艺术气息，为旅客提供了全新的候机体验，如同置身艺术馆的现场体验，一扫人们候机时的单调与乏味感。整个项目以在整体公共空间的艺术作品展示和设计为重点，T2航站楼的国际出发候机大厅、国际到达入关大厅、国内出发到达混流层区域以及交通中心三纵三横部分设置了当代知名艺术的壁画、雕塑、陶艺作品。其中，国际到达入关大厅悬挂的是现代水墨领域领军人物仇德树的《裂变—山水》和油画家林加冰的《山水间》。前者用抽象的技法来表现崇山峻岭，体现了江南地区特有的风貌；后者则通过厚重的油画颜料的叠加，以生动的笔法创造出盎然的趣味。两幅作品都极具视觉冲击力和艺术感染力。在人流穿梭集中的交通中心三纵三横部分，设置了一组由著名陶艺艺术家赵强捐赠的雕塑作品《多国人物》，这些人物形象具有明显的典型性，且造型简练、概括，旅客在匆匆行路时，无需驻足停留，便可感知到这些作品的独特个性。该系列作品在此区域的展示很好地体现出一个国际化大都市的包容性和开放性。

2010年上海世博会前期，上海的轨道交通进入了大规模建设期，公共艺术全面介入地铁，能有效建立起两个空间的关联性，增强地下空间的识别力，从而建立起地铁网络的方位感，同时还能缓解地下空间的沉闷压抑，创造地铁空间的品牌效应等各类附加值[1]。上海地铁的场域空间内，以电子屏、灯箱、移动电视、艺术长廊等多种载体，实施了公共文化建设项目。

到2010年上海世博会期间，上海地铁280座车站中，共有54幅壁画，覆盖率接近20%。地铁壁画作品的长度多在12—15米左右，它们的材料、工艺、艺术风格非常多样，体现出了海派文化兼容并蓄的特征。与此同时，根据每个车站所在地的历史文化特色以及地面相关信息进行公共艺术作品的创作选题，成为营造地铁空间文化氛围不可或缺的一部分。这些壁画多设置于站厅层，另有少数设在

---

[1] 章莉莉.上海地铁公共艺术发展规划研究[J].公共艺术，2013（4）.

站台层，作品一旦在建设时期被设置在地铁空间的墙壁上，就少有拆除或移至他处，多为"永久性公共艺术"。其中，静安寺站的《静安八景》、临平路站的《犹太人在上海》、豫园站的《韵之风》都深受乘客的喜爱。

2011年，上海南站换乘通道内举办了"海世盛楼——上海地铁当代公共艺术活动"，首次尝试了艺术策展模式的公共艺术，活动将来自不同国家的8位当代艺术家创作的47件作品展示在广告灯箱上，反映世博会给上海带来的变化。

《韵之风》 贺友直 2010年

2013年，《上海地铁公共文化建设（2013—2015年）三年行动计划》暨首届上海地铁公共文化周正式启动，该计划在原有52个车站装饰的60幅大型浮雕壁画的基础上，在100座车站实施120项地铁公共文化建设项目，初步形成具有"时代特征、上海特点、地铁特色"的上海地铁公共文化体系。2017年集各方资源，又推出了"上海地铁公共文化艺术节"，旨在提升地铁空间的艺术品质，为市民乘客打造"可阅读、有温度"的"城市第二空间"。在这次艺术节中，公共艺术作品不仅出现在车站换乘大厅内，并且还在车厢中进行展示。

三、社区空间

"社区"一词尽管在不同的历史时期和文化语境中有着各异的内涵、外延、结构、功能和形态，但这一概念通常指"聚居在一定地域范围内的人们所组成的社会生活共同体"，通过艺术将社区的人们联系起来，并鼓励市民积极参与艺术创作是近年来上海城市公共艺术的新突破。这意味着公共艺术的概念、功能、意义等都得到了全新的拓展。公共艺术介入社区公共空间，除了采用传统的艺术设置模式，将艺术作品永久地设置在城市公共空间外，更多的是短期的"计划"形式，多为"临时性"的作品展示。以艺术为媒介，建立起众多的社会关系，通过公众的集思广益，在参与和艺术家的互动中使公众自主的美学观点及公共议题得到彰显，进而实现重振社区的目的。

2009年，上海大学美术学院在上海的工人新村策划和实施了为期一年的公共艺术活动："艺术让生活更美好——上海曹杨新村公共艺术创作实践"。该项目包括20余项活动，由10余位国外艺术家、策展人以及上大美院师生共同参与。曹杨新村是上海最早的工人新村，然而随着时代的变迁，新村的设施变得十分老旧，居民的生活环境、生活水平每况愈下。汪大伟曾指出："当2009年我们刚进曹杨新村的时候，社区里的老人们曾提出质疑，他们认为自己缺的是钱和生活用品，在这里做艺术活动远不如把活动经费转为购物卡发放更实际。但是，经过一年的努力，这个公共艺术活动改变了社区居民的想法。我们虽然无法直接改善居民的生活条件，帮助他们建造新房子，但是我们可以通过艺术的途径帮他们找回幸福感与归属感，增强他们的自信，重振社区的精神，并引发了青年一代的关注。更重要的是，该活动引起了舆论的关注，促进了政府的支持。此后，很多投资商跟进，并引发了后来曹杨新村的全面改造。"该活动中一个名为《被单文化》的作品典型地反映了不同体制和文化背景下对公共性的认识差异。该作品由荷兰艺术家Marjolijn Dijkman策划，并与美院教师赵蕾共同完成，邀请社区居民把自己的梦想缝在自己盖的被单上，在社区的公共空间里进行展示。艺术家希望通过邀请居民在最接近身体、最具私密性的物件上表达自己的梦想，创造出能够融入社区的公共艺术作品。在社区街道办事处的发动下，艺术家向曹杨一村1 900户居民发出了邀请书，全社区的居民几乎都参与到创作中来，真正体验了一把"人人都是艺术家"的新鲜。居民们非常热衷于这项活动，也非常喜欢这件作品，提起这件作品和创作过程都无比自豪[1]。

从2011年开始，法国艺术家保罗先生和他的妻子夏意兰女士租下了位于安顺路98号（安顺花卉市场边）小商品市场内的26号铺，并将其命名为"兼容的盒子"，从那以后，不定期的艺术项目在这间店铺内开展，到市场关门前共举行了152期作品展示。据保罗描述："（这）不是一个画廊运作的形式，我们提供场地，其他的我们无法提供，艺术家每次展览完恢复原来的白空间就可以了，费用问题要自己解决。我们一开始还担心周围的邻居会出问题，我们是想很低调的。另外市集里会有一些领导或城管，但事实上他们和我们之间相处得很和谐，和周围邻居的关系也很好。曾经有一个法国女孩专门用录像机把周围邻居对于这个空间的感受拍下来，他们能够讲出很多东西来。……我们希望来这里的艺术家非常多元，认同将艺

---

[1] 汪大伟.地方重塑与公共艺术多元发展[J].公共艺术，2017（7）.

第二章 上海城市公共艺术的新发展

《曹杨新村公共导示》 章莉莉
图片版权属于上海大学美术学院

作为一种实验、即兴的游戏，遵守我们既有的环境规则——没有看门、没有宣传、全天开放。"[1]这种由民间力量自发的艺术驻地计划很好地深入到了那些本未被艺术普及到的地区，让不同职业的人群都有机会接触到全新的艺术实验。

"再造景——三林公共艺术展"于2012年6月至7月间在上海浦东新区三林塘老街展出。该公共艺术项目由浦东三林镇人民政府、复旦大学上海视觉艺术学院美术学院（现更名为"上海视觉艺术学院"）与上海三〇国际艺术区共同合作策划和组织实施。参与项目的50名学生与教师将浦东三林镇作为艺术实践的场所，对三林古镇特有的人文资源进行调研与提取加工，以凸显区域特色为主旨，在现实的空间中进行艺术设置和创作，将艺术作品与周遭的建筑、桥梁等相结合，以再造新景观的方式串联不同时空的文化脉络，使古镇的地域特色得以彰显。这既是一次体现公共性的创新实验，同时也很好地将产、学、研结合到一起。通过包括雕塑、绘画、装置、影像等多种艺术形式的作品展示，试图重新解读古镇的文化承传与更新，探讨生活样式与艺术氛围之间公共性的综合命题。

同济大学景观学系的刘悦来老师从2014年开始发起了"都市农园"计划，并在上海世纪公园、上海市委机关幼儿园、中成智谷、彭浦新村、杨浦鞍山四村等地进行实践探索。这一计划作为社区营造的一部分，以社区园艺为起点，借由社区园艺来解决社区存在的问题，旨在探索城市微空间的自然保育及社会参与的过程。在刘悦来老师的计划实施过程中，先由业主大会或业委会通过决议，划出环境不佳且不影响市民正常通行和使用的地块，再发动社区居民参与"农园"的设计、建造和维护，让生活在都市中的人们在家门口

---

[1] 马艳，夏意兰，保罗·德沃.兼容的盒子[J].美术文献，2014（8）.

便可享受人与自然的互动。其中最关键的就是让居民参与设计,而真正的设计师则更多的是躲在居民和志愿者身后,提供技术方面的指导。人们在设计、构思、种植与维护、管理的过程中彼此熟识,学会分享,共同成长。社区的景观提升了、环境变好了,社区的人也随之凝结在一起了。

四、商业空间

商业空间是实现商品交换和商品流通的公共空间,然而由于近年来人们购物方式和习惯的变化,网购、代购持续风靡,上海实体店销售颇为低迷。如何吸引消费者光顾并让他们掏出腰包,如何提升商场的入驻率等问题成为绝大多数商店、购物中心等线下实体店共同面临的困惑。经营者们又一次将目光投向了艺术,希望艺术的介入可以提升商业空间的文化氛围并带来新的创收。当然,这种介入要比20世纪八九十年代的介入更为彻底,艺术作品不再仅限于室内空间的壁画装饰,而是涉及了建筑物室内外不同公共空间的各种艺术形式。造型概括的大体量当代艺术作品尤为多见。不同商场、购物中心都纷纷视名家之作为他们的"活招牌",将其设置在出入口位置。

上海K11购物艺术中心是较早进行革新并成功打造出品牌特色的大型商业空间。上海K11位于寸土寸金的淮海路上,提出了"购物艺术中心"的理念,以艺术、人文、自然作为品牌的三大核心元素。上海K11全力打造最大的互动艺术乐园、最具舞台感的购物体验、最潮的多元文化社区枢纽。在实际的运营中,上海K11将艺术贯穿于商场内外的各个场所,商场内部在轮番举行各类收费艺术展览的同时,在商场的其他公共空间也定期展示各种装置艺术、雕塑、摄影作品展等。如2015年11月5日至2016年2月在上海K11购物艺术中心内举办的《跨界大师·鬼才达利》超现实艺术大展引发了巨大反响。该展览的主展场虽然在chi K11美术馆内，但在展出期间，上海K11的外部公共空间也被装点一新，将达利的标志性元素，如红墙、鸡蛋、小金人和西班牙菲格拉斯地区的特色面包一一呈现出来。同期，"变形的时钟"和"长腿的大象"这两样具有鲜明达利烙印的艺术形象也被还原到K11淮海路入口。

正是由于这种全新的经营理念，尤其是艺术的介入，不但大大提升了商场的环境氛围，使K11在开业后不久便获得了很高的知名度，也让人们感受到不食人间烟火的当代艺术回归到了生活。

2013年12月，红星美凯龙金桥商场开业以艺术设计博览会为亮点，提出了引导全中国家居业走向设计、艺术和原创的时代的愿景。该商场在建设过程中就得到蜚声国际的法国建筑设计大师保罗·安德鲁的参与，以"蜂巢"作为设计的核心元素，营造一种和谐的生活情景和友好的消费环境。国内外知名艺术家创作设计的10余件雕塑作品被布置在商场的不同空间里，黄英浩的《三个金人》、赵渭凉的《新世纪》以古典与现代的结合、中国传统家具与西洋乐器构架的手法表现了民间艺术、音乐等多种载体。

《回忆之家》 Jaume Plensa 位于国金中心商场

第二章 上海城市公共艺术的新发展

此外，静安寺商圈、日月光中心、环贸iapm、国金中心商场、新天地、大悦城、环球港等上海的各大商业场所纷纷将艺术导入其中，永久设置的大型雕塑、壁画，临时展出的卡通形象、装置艺术等包罗万象。艺术成了商家们的新宠儿。

五、校园空间

高校校园作为培养高素质人才的主要场所，其环境建设一直备受关注。长期以来，校园公共艺术作为一种物质景观，积淀着历史、文化和社会的价值，润物细无声地教育着莘莘学子。随着2000年后"公共艺术"学科在上海各大高校的开展，用艺术作品装点高校校园、提升高校校园文化氛围的实例就不断增加，并且公共艺术的表现形式也不断丰富。

《春华秋实》 杨清泉 2012年
图片转自《中国壁画（上海美术学院卷）》

《春华秋实》是杨清泉教授于2012年为上海应用技术大学做的铸铜壁画，壁画是从关注环境的内涵和需求的角度进行创作的。壁画借助铸铜与锻铜的融合手段，构成浑厚的艺术语境，演绎出对"十年树木、百年树人"教书育人精神深深的赞美。壁画主题与形式美感与环境十分贴合，壁画如诗如歌的画境在空间中得到充分的展开和延伸，从校园文化精神的层面上极为有效地揭示了教育领域的内涵，揭示出一种深深的情怀和启迪。壁画营造的艺术氛围对大学的环境产生了视觉和心理上的共同的感动，达到无可替代的艺术价值[1]。

2015年4月27日至5月7日在上海视觉艺术学院内开展了一场名为"塑形造景"的展览，此次展览展出的是2015届上海视觉艺术学院美术学院公共艺术专业毕业生的作品。在10位校内外导师的指导下，75名学生以视觉艺术学院的校院室内外空间为实践舞台，以"塑形造景"为关键词进行艺术创作，采用具有试验性的材料，壁画、雕塑、装置、设计、灯光、影像等形式都被包括其中，学生以独有的个性，思考并探讨了作品与环境、作品与人文、作品与人群、作品与空间、作品与作品之间的关系问题。在特定且有限的环境中置入艺术作品，在借景与用景间对空间进行重塑，给观众带来多维度的感官体验。

作者：陈晓蕾 指导老师：丁乙 《扭》 2015年
版权属于上海视觉艺术学院

---

[1] 杨清泉.中国壁画（上海美术学院卷）[M].江苏：江苏凤凰美术出版社，2018：26.

作品《扭》是在校园内五号楼食堂外墙上创作的作品，利用并结合原本建筑外立面上的线条，进行局部的扭曲变形，以此产生错觉效果，令二维的变异在视觉上产生三维空间上的变化，打破了惯常的思维模式，带来了不同的视觉效果和心理感受。

作者：华磊　指导老师：刘毅　《空房子》　2015年
版权属于上海视觉艺术学院

作品《空房子》矗立在草坪上，运用白色的方管构筑起了一个房子的轮廓。当观众置身于房子之中，并不能观察到完整的房子，而是需要站在特定的角度，与其保持一定的距离，才可在视觉上感受到是一个房子造型。在房子内部，作者还设置了若干张椅子，可供人们小坐。《空房子》所传达的符号意义并非仅是我们所理解的"家"的概念，也是对时空变换、社会基本形态的聚焦。

第三节　上海城市公共艺术表现形式的拓展

一、城市雕塑

城市雕塑一直是上海城市公共艺术的主流形式。近年来，上海城市雕塑的"出镜率"越来越高,上海的城市雕塑变得愈加千姿百态、色彩斑斓,新材料和高科技的频频介入让市民眼前一亮。

城市雕塑离不开材料的承载,城市雕塑的发展在一定程度上得益于材料的不断革新。材料不仅是媒材和承载物、固着物,更重要的还在于材料自身以及把其物理性质进行审美开发。或许是长期受架上雕塑的影响,在21世纪到来之前,出现在上海城市公共空间中的艺术作品往往局限于青铜、大理石、水泥等硬质材料,然而,随着现代科学技术的进步,2000年后,上海城市雕塑的使用材料呈现出多样化的特点,合成树脂、纤维材料等新型复合材料被频繁使用。

多种材料的应用丰富了城市雕塑的表现样式,夸张、变形、渐变、色彩等纷纷被运用到艺术创作中来。雕塑的成型方法日渐多样,新增添的锻造法、焊接法以及合成法等被广泛应用,进而发展出捆

《花树》 Wendy H.Moy 2006年

绑、编制、堆砌、拼贴、榫卯、粘接等多种手段。2006年，在上海延虹绿地落成的由美国艺术家Wendy H.Moy创作的《花树》，在造型和艺术手法上与传统雕塑有着很大的差别，颜色非常鲜艳。"花树"按照建筑的建造原理建成，先安装钢结构的树及冠，再把色彩斑斓的"花"一朵朵焊接上去，"花的结构是不锈钢的，花瓣是选用树脂材料加烤漆完成的"。

《希望之泉》 2005年

由于新型材料的应用，丰富了雕塑的形态，使旋转、摆动、中空等都成了可能，也为声、光、电、水等的导入创造了基础；雕塑语言也随之得到拓展，重复、重组、渐变、共形省略等构成方式不断出现。诸因素的结合开创了前人不曾涉猎的雕塑形式，打破了传统雕塑固有的形态和观念。2005年，一座由法国雕塑家创作的名为

《希望之泉》的大型雕塑在徐家汇公园落成，该雕塑利用光与水的结合，打造出了和谐的景观效果。《希望之泉》坐落在约240平方米的花岗石喷水池中，高8米，基座宽6米，是一座以剪纸形式表现大树的镂空雕塑，雕塑的下部有一排喷水口，喷泉涌动，十分壮观。此外，在2010年上海世博会上，大量雕塑作品都采用了新材料、新科技，如西班牙馆的"巨型婴儿——小米宝宝"就是利用最新材料、技术的典型案例。"小米宝宝"坐高6.5米，不仅能呼吸、眨眼，还能做出多种不同的肢体动作，甚至能和游客互动。这一切都归功于一套复杂的电力驱动系统。

二、壁画

在2010年之后，上海城市公共空间中的壁画明显增加，"跨界融合"在近年上海的壁画创作中展现得淋漓尽致，引起人们的关注与热议。这些壁画一方面更加强调与环境的适合性，将设计与纯艺

《珠光人影共徘徊》 王征
图片转自《中国壁画（上海美术学院卷）》

术创作结合;另一方面,与城市雕塑一样,由于材料的开拓、技术的革新令其呈现方式越加丰富;"涂鸦艺术"作为一种贴近生活的壁面造型创作悄无声息地走进上海的城市公共空间。

运用新技术的壁画创作,大大增加了壁画作品的趣味性,让公众产生更多美好的联想,如上海地铁7号线后滩站声光装置壁画作品《珠光人影共徘徊》由王征创作,结合了以模糊控制为技术手段的

《地下蝴蝶魔法森林》 2015年
图片转自《中国壁画(上海美术学院卷)》

统计设计,巧妙地将视觉艺术与听觉艺术结合在一起,不同色彩的透明管子中,球状实体随着音乐节奏的变化而上下起伏,产生空间矩阵的变化。这一新技术的应用与视觉语言的挖掘改变了传统壁画平面效果较为单一的体验,营造出梦幻、深远的视听效果。2015年1月,一件名为《地下蝴蝶魔法森林》的新媒体装置壁画点亮了地铁12号线汉中路的换乘大厅,打造了一个可供市民互动的都市田园。该作品由英国设计团队打造,取意于"庄周梦蝶",展现了东方哲学与西方技术的有机结合。设计师采用3D打印技术打印出2015只活灵活现的蝴蝶,每只蝴蝶翅膀上的纹路清晰可见,加之声、光、电、数码技术的应用、18种颜色的交错变换,成功地阐释出"阳

康定路600弄涂鸦艺术　Julien Malland（艺名seth）、施政　2014年
图片转自《中国壁画（上海美术学院卷）》

光"迎来"蝴蝶"的设计理念，营造出神秘、浪漫的空间氛围，阳光、蝴蝶、丰富的色彩一扫地铁空间原本封闭冷漠的固有印象。该作品一经开放就获得了强烈的社会反响，由于题材十分讨巧，具象的造型让公众很好辨识，蝴蝶的造型幻化出诸多美好的遐想，很多小朋友在地铁站里与蝴蝶捉起了迷藏。

2010年后，上海城市公共空间的"涂鸦艺术"比比皆是，在装饰城市的同时，也触发了人们的种种思考。这种艺术形式往往来源于艺术家内心最直接的声音，得益于空间环境所带来的触动。出现在上海城市公共空间中的涂鸦艺术通常并非张牙舞爪或叛逆不拘的，而总是带有一种鲜明的海派情怀。2014年12月底，在正在拆迁的康定路600弄的残垣断壁上以法国街头艺术家Seth为主的几位艺术家开始了涂鸦创作。该艺术创作始于"发现夜上海"的项目，当时Seth想要到上海进行艺术创作，在其好友的推荐下，选择了这处既有上海特色，又可放开创作的理想空间举行"实验"。其后，上海艺术家施政也参与到项目中。Seth负责图像的创作与绘制，而施政则根据Seth创作的内容配上其认为相适的文字。齐刘海、扎小辫的女孩是最典型的人物形象。Seth说："我自认为是一个公共艺术家，我到处去旅行，定期创作，同时也期待我的作品能给街头的人们一些感触。"由于这一系列涂鸦的出现，一时间激发起了社会各界的关注，并且不断发酵，人们纷纷猜测，这是谁画的？创作者意欲何为？各种社交平台上传递着图片信息，越来越多的人纷至沓来，一睹作品真容。这些生动的作品不仅吸引人们的目光，同时也引发出观者的共鸣与思考。

2015年12月，在浦东新区大规模绿化建设中，上海市政府和浦东新区政府希望将涂鸦艺术搬上近千米的拆迁墙体，改善区域的面貌，让艺术更靠近大众。该项工作是一次聚焦公共空间环境与公众轻松对话的有益尝试，由上海大学上海美术学院承接，杨清泉教授担任项目主持人，其从公共环境的角度，以"趣味生活、艺术生活"为主题，巧妙地将"学院派"与"街头文化"相结合，画面轻松愉悦、图形趣味盎然，很好地调和了空间氛围。

衡山路由法国公董局修筑，始建于20世纪初。茂密的法国梧桐，欧陆风情的人行道隔离栏、别墅等，向人们叙述着上海曾经的历史和独有的风情。这条浪漫的街道是海派文化的一个缩影，正是这种文化基因让其成为摩登人士最爱踏足的酒吧街。2017年中旬，在衡山路这条中西方文化交融的马路上出现了一幅融合东西方文化元素的巨型壁画，该壁画名为《新浪漫》(*The New Wave*)，其创作者是蜚声海内外的街头艺术家林子楠。作品以组画的形式出现，全长100米，高4.5米。在百米长的墙壁上，共有24道间隔，展现着一幅幅有人物、花鸟、老上海元素（身着旗袍的女子、香烟盒、老唱片套）的作品，画面中既有象征西方文化的文艺复兴雕塑，也有上海的市花白玉兰，这些作品都以近乎撞色的大色块为背景。画面中具象的元素作为一种文化符号，具有象征意义，有很强的代入感，让来往的行人产生无限的遐想。

2017年年底，在南昌路的善庆坊中陆续出现了一批壁画。善庆坊属于三层砖木结构的新式里弄建筑，建于1936年，曾居住过著名书法家钱君匋。壁画的主题紧扣弄堂生活，描绘了上海老弄堂的一个个生活片段，令壁画与周围的环境交相呼应。该系列弄堂壁画由罗希贤策划，其认为"用画笔留下对石库门的记忆，这是保护石库门最好的方法之一"。因为罗希贤已年过70，所以该系列壁画主要由其女儿操刀绘制。罗希贤从小生于上海，并且有着一段弄堂生活的经历，对石库门有着挥之不去的记忆。展现在善庆坊的壁画作品显得特别接地气。弄堂口戴着眼镜、驼着背、弯着腰正在专注修鞋的老爷爷；留着胡子、头戴白帽、吆喝着的生煎店老板；骑着老式自行车、匆忙且不失调理投递着邮件的邮递员；用着搓衣板、打着水、洋溢着笑容、为全家洗衣的年轻母亲；慵懒地躺坐在躺椅上的父亲、跷着二郎腿打着毛衣的母亲、吃着冰棍的孩子……这一幕幕场景充满了人情味和烟火气。作为公共艺术，能被人读懂，并随之激发出人们的情感认同，唤起人们过往的美好记忆，产生新的议题，就是对作品最大的褒奖。

三、装置艺术

相对于以永久设置为主的城市雕塑，迈入21世纪后，在上海各类公共艺术项目中临时性的装置艺术的出现频率不断增加。这些装置艺术往往具备以下特征：艺术家根据特定地点、空间而进行艺术创作；

选取、利用、集合各类日常生活中的物质消费品与文化实体，进行全新的演绎；具有开放的表现形式，自由而综合地使用绘画、雕塑、音乐、录像、诗歌等。相较于美术馆、画廊中展出的装置艺术作品，置于上海城市公共空间中的装置艺术作品更偏向于动态的、交互的、较大尺度的。通过场地、材料和情感的有机结合，使观众介入和参与其中，令观众产生强烈的代入感。

2015年12月，在上海的虹桥天地商业中心，一场名为"Lumiere China 光影中国"的灯光艺术节拉开帷幕。活动以"光景"为命题，策展人刘毅从光与景的字面含义上直接解释了灯光作为媒介所创造的艺术与人文景观，他表示："在中文里'光景'有三层含义：其一是指光阴和时光，其二是指自然风光与景象，其三是指人类的生命与生活。以此呼应了灯光艺术作品所表达的意义与内容，即在瞬息万变的当代城市进程中，在光与自然、与空间、与人的对话过程中，人们对时间的探讨与定义，对光在公共空间中的造景以及对都市生活与工作的反思。"[1]

法国里昂灯光艺术节有着百余年的历史，是全球三大灯光艺术节之一，同时也是欧洲最具影响力的灯光艺术节之一，每年都有超过400万人次的民众前去参观。主办方将法国里昂灯光艺术节拷贝至上海，希望在上海能再现法国里昂灯光艺术节期间的辉煌。

灯光艺术节上来自国内外知名艺术家的11件作品被放置在虹桥天地商业中心的各个区域，包括曾在法国里昂灯光节上获奖的We Come in Peace的《风之精灵》、*LLND的《爱·心》、Craig和Karl的《迷失》、丁乙的《顺时而动》、陈良斗和Gang Design团队共同创作的《迷宫》、楼南立的《盯》、卜

---

[1] 俞俞."Lumiere China 光影中国"灯光艺术节[J].公共艺术，2016（1）.

冰与吴宽合作完成的《声动竹林》、杨熹的《点·光》、卢佳炜的《迷失之鹿》、陶安大的《自贡蘑菇灯》、陈立的《瞬间移动》。

其中，《风之精灵》被置于购物中心的南北通道处，由22个高约2米的透明玻璃盒子构成，每个盒子中都填充了大量羽毛，随着音乐声的响起，盒子底部的吹风装置便开始吹动羽毛，配合着四周灯光的变换以及穿行其中舞者灵动的舞步，形成如梦如幻般的现场感受。

《风之精灵》 WECOMEINPEACE 2015年
图片版权属于虹桥天地"光影中国"

《瞬间移动》由一个红色的女性人形和一个蓝色的男性人形组成，在人形的轮廓上排列着长短不一的光柱。当观众嵌入人形轮廓中时，光柱随即被点亮。在一亮一暗间制造出瞬间移动的视觉效果。观众的参与是该作品得以完整呈现的基础，在参与的过程中观众真正与作品实现了互动。

第二章　上海城市公共艺术的新发展

《瞬间移动》　陈立　2015年
图片版权属于虹桥天地"光影中国"

四、城市家具

城市家具包括路标、邮箱、坐具、马路护栏、候车棚等各类公共设施，通过对它们进行艺术化的设计使之更具美感和趣味性。具有实用功能的城市家具是世界各国城市街道、广场、公园等公共场所不可或缺的一部分，而近年来城市家具在上海的城市公共空间中点亮了人们的日常生活。城市家具的出现是设置者出于人性化考量的一种体现，既是艺术作品又是实用的公共设施，在创造出富有当代文化气息的空间环境的同时，也为川流不息的路人带去了便利。

2006—2008年，由上海张江高科技园区管理委员会、上海市浦东新区张江功能区域管理委员会和上海张江（集团）公司举办的"现场张江"大型公共艺术活动在张江高科技园区开展。连续三年的活动分别以"城市进行式""诗意地停·流""悬浮特快"为主题。

2007年，"诗意地停·流"主题展中出现了大量城市家具。在艺

《站》 杨旭　2007年
版权属于张江当代美术馆

术家、设计师的奇思妙想下，公共设施不但焕然一新，而且充满了艺术气息，让行色匆匆的人们在不经意间放缓脚步，在片刻的停留中感受艺术之美[1]。

《入》 孙良　2007年
版权属于张江当代美术馆

---

[1] 周娴.现场张江——上海浦东张江高科技园区里的公共艺术[J].公共艺术，2009（1）.

第二章　上海城市公共艺术的新发展

《菌》 马宕松　2007年
版权属于张江当代美术馆

《垃圾桶》 杨振中　2007年
版权属于张江当代美术馆

这些城市家具被设置在街道、公园、路口、广场、办公大楼等公共空间中。在张江地铁站对面的街道上，杨旭将清嘉庆年间张江地区的水道图立体化，设计成公交站的基座和侧板，巧妙地将张江的历史与当下串联起来。地铁站附近的张江艺术公园是设置作品最多的地方。孙良设计的《Λ》是一个供小孩玩耍的滑梯，其造型是一个带吸管的易拉罐，孩子们从易拉罐的底部进入罐中，再从吸管一端滑出来。该作品带有明显的波普艺术的意味。马宕松设计的形似"菌类"的座椅被设置在松涛路祖冲之路的路口。杨振中设计的形似胶囊、色彩丰富的垃圾桶在张江的公共空间中随处可见，无人使用时，这些垃圾桶会持续发出打呼噜的声音，当有人投掷垃圾时，其才会停止打呼，颇具趣味性。

五、新媒体艺术

新媒体艺术近年成为上海城市公共艺术的"香饽饽"，在各大展览和活动中都可见其身影。新媒体艺术通过将众多媒体的艺术元素如声音、文字、图形、图像、数据等有机整合，融合实现了公共艺术表达语汇的变化,产生独立媒体所不具有的新的意义,帮助人们能够有效且快速地交换文字、语言、影像等信息,因此为人们的交流与沟通创造了很好的临场感,令公众与艺术作品间产生了更好的互动。新媒体艺术具有的鲜明的互动性,令公众更愿意接触、接受,并与之产生对话、互动,即便是由以艺术家为主体创作的作品,通常在参与者的参观或接触中,还可进行二次创作。参观者在此过程中摇身一变成了参与者,甚至是作品的创作者,沉浸于作品创作中,体会艺术创作的乐趣和快感,并衍生出全新的影像、造影甚至意义。

《爱·心》 *LLND 2015年
图片版权属于虹桥天地"光影中国"

《爱·心》由*LLND团队打造。该团队擅于新媒体艺术创作。这件作品的主体是一个巨大的爱心,在爱心四周设有12个连接台,当参与者的手与连接台上的手型轮廓相接触时,通过心率传感器,参与者的心跳频率会直接影响到彩灯的色彩变化:心率在58—64次/

分时，粉色灯会亮起，心率在65—71次/分时，红色灯亮起，心率在72—78次/分时，橘色灯亮起，心率在79—85次/分时，紫色灯亮起，心率在86—92次/分时，黄色灯亮起，心率在93—100次/分时，绿色灯亮起，心率在101次/分以上时，蓝色灯亮起。一件艺术作品让陌生人心灵相通，甚是奇妙。

类似的作品在上海世博会上也有。"动力之源"是2010年上海世博会德国馆最大的亮点，其是一个悬挂于展厅顶端的巨大的、表面浮动着多种图像和色彩的金属感应球。在漆黑的房间里，金属球能够对外来声响作出反应，在两位解说员的讲解与呼喊中，观众随之欢呼，金属球便会在空中快速旋转起来，并转向呼声更大更整齐的那组，球面的图案和色彩也一同发生变化。其原理是通过天花板上环绕金属球的8个话筒进行信息采集，从8个方向"收听"观众的呼声。这个金属球因为观众的参与获得越来越多的能量，这展现出城市正因包罗万象而和谐，也正因依靠人们共同的力量而精彩。最终金属球从激烈的运动逐渐趋向平衡、趋向静止，定格在这颗独一无二的、我们生活栖息的蓝色星球上。"互动性"在观众体验过程中被淋漓尽致地表现出来。

2011—2015年举办的"外滩灯光秀"曾产生了轰动效应，这一灯光秀以外滩万国建筑群为载体，将现代科技与灯光艺术创新融合，带有极强的故事感与立体感。从3D到5D，依托科技迭代升级，实现震撼与鲜活的视听效果，在长达百余米的外滩建筑上投影出上海的标志性建筑和城市历史的象征与成就，展现上海大都市的魅力。

美国艺术家保罗·迪马利尼斯从1971年开始便一直活跃于新媒体艺术领域，其创作的《雨舞》曾获2001年奥地利林兹电子艺术节的荣誉提名。其创作原理是运用人耳感受不到的声波和声音震动来控制水柱的出水量，直到水碰到大雨伞，声音才会被解码且回响于

上海外滩举行的"3D投影灯光秀" 2012年新年
图片转自《中国壁画（上海美术学院卷）》

雨伞表面，雨伞本身被转化为喇叭的功能。人们在这样特殊的水柱下撑伞，可以感受到水与声音的交流、电子声音的混合、节奏与旋律的共振。在2016年上海双年展上，保罗的又一以雨为题材的作品《光雨》则在《雨舞》声音互动的听觉实验基础上，加入了视觉实验的元素。作品除了设计共鸣声音之外，更通过捕捉水和光共生的彩虹，呈现视觉、听觉的双重互动体验。由于参与者身高和打伞姿势的不同，他们便得到了各异的作品反馈。

上述案例中很多公共艺术作品对于上海市民而言都是耳目一新的，这些略显前卫的尝试不仅没有让他们感到难以接受，或存在距离感，反而都十分积极地参与其中，与艺术家或艺术作品进行互动。但是，上海的这些新形式、新技术、新材料的公共艺术作品大部分都是由国外艺术家创作的，或是引进国外的技术、设备实现公共艺术作品的创作，如何更好地吸收、转换这些成果，将是实现上海城市公共艺术永续发展的前提。

第三章
上海城市公共艺术的发展趋势

在时代的演绎下，公共艺术的概念界定、实现方式、实践空间、开展初衷等都在不断改变与更新，最新、最前沿的公共艺术理念在上海这块"试验田"中有所触及并得到实践。总体来讲，未来上海城市公共艺术的发展将更注重公众的参与及观点表达，将不仅局限于环境景观的艺术表现，也非局限于单一的视觉艺术形态，而是基于对公共议题的彰显，成为一种广域的社会生产方式；公共艺术不仅存在于城市中心，同时也将延伸到边缘区域；公共艺术将遵循"全球在地化"的设计理念，真正走向公众。

第一节 上海城市公共艺术概念的拓展

一、艺术介入公共场域的正向意义

艺术创作原本是一种个人化的智慧和创作才华的展现，对于艺术创作者而言，通常情况下完成一件作品并不需要获得所有人的肯定，符合多数人的审美或价值认可。从这一观点来看，纯艺术与讲求公众观点的公共艺术的差异是显而易见的，这种不同体现在艺创作的前期准备、创作过程、呈现方式等各个阶段。相较于仅需凭借个人创意与技能的普通艺术创作，公共艺术实践要依靠大量的人力资源、时间与经费，其投入成本大，可使人们在生活或环境方面有一定的、实质性的收获。这种由公共艺术带来的正向意义正随着上海城市公共艺术的发展变得日渐丰富。

在许多讨论中，常将公共艺术认为是"公共"与"艺术"两者的叠加，或者拆分开来将两者置于相对立的立场，甚至会因为对一方的关注而弱化另一方。于是，这样的艺术创作被认为是服务于公众的一种特殊"产品"。毕竟当艺术存在于公共空间中时，其本身就已经具有了一定程度的公共意义。"公共领域包含着地方、社群公众、生活与文化等范畴，艺术则囊括了无穷尽的美学创作行为，公共与艺术，本质上原是各自独立的知识领域，却因'公共艺术'的形成，促使两者产生联结关系。"[1]这样的结合，在公共意识觉醒的时代里，将会侧重于通过知识技能、生活经验的交换，来促进公众的对话与沟通。公共艺术的价值可以表现在其环境美化的功用上，发挥公共艺术的审美引导与文化标志作用，通过艺术介入城市公共空间，可全面提升城市生活和居住的空间环境品质，凸显地方特色。当代公共艺术的概念，已非仅是借由个别的艺术创作，成为环境的美感实践，更在于强化出具有人文特质的地方感，并在其中扩张出公众的最大共识。从公共艺术对城乡人文发展的方面来看，将公共艺术作为一种广域的社会生产方式，通过多元的公众参与，可引导参与者对所在地的回忆与依恋，并使公众的想象与创意得到激发，在地方意识的逐渐强化下，培养出足以推动社会发展的动力。

对于多数人而言，由于生活方式、经验和观点的不同，会对"公

---

[1] 林志铭.蓝海公共美学[M].台湾：暖暖书屋文化事业股份有限公司，2017：64.

共艺术"这一概念本身有着各异的看法和描述，换言之，公共艺术的存在、意义皆有预设的前提，即便在上海这样的国际化大都市中，"城市与乡村""中心与边缘"这样的组合依旧存在，而这种组合的差异性使人们对公共艺术有着各自的思考，无法单纯地从艺术作为"物件"的方面进行判断和解释，艺术对于公共场域而言有着与其相匹配的存在缘由。通常在不欠缺基本生活条件与环境功能的情况下，艺术在繁华都市中将是一种提高生活美学、增进生活乐趣、提升城市形象的方式；而对于城市郊区或边缘地区来说，公共艺术的价值是让生活于此的人们，在日复一日的日常生活中获得一个稳定的生活环境，也因此令人们能有熟悉、安稳、安全的感觉。在艺术家的引导和启发下，基于空间特色的艺术创作便在生活于此的普通居民中展开。通过公共艺术消除现有社区根深蒂固的制约因素，弥合既定的社会关系，可帮助人们寻找到各自生活中的目标感，可能将有助于增进他们对地方的认同和人际关系等，最终不仅给特定的领域带来吸引力、创造经济效益，同时也可以带动环境的美学氛围，让人们爱上自己生活的环境，激发出乐趣与幸福感，甚至促使艺术成为引发人们情感与刺激思考的媒介。"艺术"将由专业人士的主观创造，变为集合普通公众的创意，从而转化出另一种面向公共的含义。

二、由"设置"到"参与"

经过多年的理论和实践积累，上海的城市公共艺术不再仅限于城市雕塑这类以"设置型"为主的公共艺术类型，在艺术进入城市和社区的过程中，"计划型公共艺术"逐渐多了起来。随着"计划型公共艺术"的出现，人们对于"参与"二字的理解，也不再停留于相对被动的感官接触层面，而是切实地参与到艺术创作中，如2009

年的"艺术让城市更美好——曹杨新村公共艺术创作实践",2011年开始的"兼容的盒子"等项目中,通过艺术家的抛砖引玉和引导,公众以一种积极的姿态介入到公共艺术的创作中。

  在思维不断革新的情况下,公共艺术的操作模式也正在并将持续发生着改变,强调"硬件设施"(艺术作品)与"软件"(参与者)相结合,以公众为参与导向的"计划型公共艺术"逐渐受到重视。在"计划型公共艺术"的实践中,不同社会背景的人被吸引到同一个项目中,激发起艺术工作者之外的社会领域对项目的参与兴趣,其参与方式不仅停留在欣赏层面,或是仅限于被动地、沉默地参与制作,而是通过结合以视觉艺术为主的艺术形式,将人们之间的关系和一个项目作为"共同创造"的过程联系起来,使单一的视觉艺术成果得以活化。传统的艺术思想把艺术家视为强于普通个体的人才。与之相反,共同创造艺术更强调创造力,即每个人与生俱来的特质。"计划型公共艺术"鼓励个人展现他们从未经历过的创造力。这种创造力的聚合有可能发展出强大的能量。"共同创造艺术"使个人聚集在一起,集思广益创造出超越单一个体所能产生的东西,涉及思想和观点的多样性。

  "计划型公共艺术"提供了一个场所,让人们对他们习以为常或倍感依赖的事物产生些许的质疑和变通。其作品的公共参与特性还可以促进居民间的相互协作与对话,由公众共同参与来建构新的价值观。公众自发性地推动各种艺术行动,在艺术家的引导下,公众的审美体验也从被动的习得,转为自主的学习,在参与、实践中提升审美品位。公共艺术的成功导入可以激发居民对社区理念的认知,作为居民共有财产的公共艺术作品,其在环境中的维护需要社区居民共同参与,无形中调动和培养了居民平等参与社区公共活动的责任感和积极性,使社区真正成为一代人甚至几代人共同的家园,记载和传承共同的历史与记忆，使居民在情感上产生认同感。

相较于政府部门主导的政策机制、学者专家操作下的"官方公共艺术"，以公众的观点自发推动的各种艺术行动，注重的是通过公众的智慧和集思广益，来亲自参与、动手创作，由此萌生出对地方、对集体环境的认同。"计划型公共艺术"往往都是通过小型的个案来进行的，为此，即便在经费与资源有限的情况下也可照样开展，还能激发出人们的创意，并能可持续地发展下去。

三、由"艺术创作"到"艺术行动设计"

随着时代的变迁，公共艺术由过去的纪念性逐渐发展为美学经济性，其可能成为一种品牌，作为地方符号化的代表，用于行销包装，也可以凭借其提升人文素养。日本知名策展人长谷川佑子认为当代公共艺术主要是根据地方的发展、地方的塑造来做的项目，所以基本上没有一个单独的雕塑的概念，而是对当地周围环境的重组、重振起到作用。从传统的角度来说，公共艺术包括环境设计、建筑，往往是在现有景观的基础上补充一些文化价值。出于一些象征性意义或是增加本地的旅游价值的考虑，人们希望使用一些公共艺术。但公共艺术的"设置"概念正在逐渐淡化，公共艺术更多地强调文化和公众之间的关系。要使艺术形式能够增强地域性，而且能够从本地居民那儿取得精华，能够增强本地的文化和历史背景。很重要的是，公共艺术能够帮助本地发现更多的可能性，能够释放本地人民更多的潜力[1]。

---

[1] 艺术中国.长谷川佑子：人景互动是最美的公共艺术[EB/OL].http://art.china.cn/voice/2013-04-23/content_5896928.htm.

上海城市公共艺术发展趋势研究

近年来,上海城市公共艺术逐渐呈现出越发明显的综合性,教育、表演、集体创作、展览等都被糅合进多元的公共艺术计划之中,改变了一贯的、以视觉艺术作品为主体的结合公众参与的设置模式。这类"计划型"公共艺术与"设置型"公共艺术的作用、内涵并不相同,其讲究的是"软件"内容,希望借由公共议题的引发,并通过集体的探讨、商议,创造出符合本地需要的改造计划。因此,计划的产生,在于不同人群、各异经验的累积与叠合。"公共艺术设计"对不同的参与、实施主体而言,有着各异的判断标准,但各种领域的不同知识和资源都被包括在这项设计的内容中。"设计",成为一种处理问题并形成具体对策的方法,于是,"公共艺术设计"可能成为一种公共议题的讨论方式,通过种种艺术行为而提供人们参与公共学习的机会,彼此通过"共同营运"的合作伙伴关系,共同完成艺术创作的主要构成内容,这些发展趋势均可能使公共艺术更进一步发展。"公共艺术设计"概念与艺术和社会福利、艺术和乡土文化、艺术和日常生活、艺术和教育等密切相关。

对于从事"计划型"公共艺术的艺术家来说,并非是以自我为中心进行艺术创作,而是需要经过周密的考察方可开展艺术行动,更多时候是以社区为中心开展艺术实践。艺术家通过耐心地观察一个社区,直到产生一种自然的思维方式,当他们行动和发挥创造力的时候,世界观就会随之改变。但是,为了用不同于寻常的方法来影响社会,艺术家需要将他们的主观观点引入人们的生活和思维方式中。他们通过艺术来达成某种程度的社会生产,将艺术创作转为当地的文化回顾,从创作议题的想象出发,综合诉说、聆听、体验与意见表达等。这往往与视觉艺术相交织,在实际结合中,艺术家故意减少自己的价值,避免产生刻板的艺术作品。艺术家提出一些打破常规的想法,削弱人们以往对社区一贯的感知,试图挖掘参与者作为独立个体看似无目的的行为的价值,并让公众在诉说中不再不加批判地接受专家意见,或轻易地拒绝那些难以理解的事物。公共艺术使单一的视觉艺术成果得到活化,当地市民的集体参与意识以及与艺术家的互动得到强化,进而不再局限于艺术专业的主导,通过艺术家与公众以及公众之间的互动来共同完成作品。艺术家或策划人需要经常与地方政府、大学、民间企业、市民团体以及相关领域的专业人员合作与沟通,与非艺术领域人士形成众多社会关系。

第二节 从"中心"向"边缘"的延伸

城市规划师日益认识到文化对活化城市的重要性,现今没有几个城市会在推行经济发展战略或者作总体规划时不考虑艺术和文化的作用。遭遇了长期工业衰退的破旧城区,如布宜诺斯艾利斯的博卡区,就是利用表演艺术刺激了旧城区的活化。新城区也是如此,如阿姆斯特丹的泽伊达斯地区的发展规划师知道,拥有公共艺术和艺术家会让城市对居民和企业更具吸引力。

一、"城市中心"的实践

根据《上海市城市总体规划(2016—2040)》(草案)所规划的"城市中心"即中央活动区,是全球城市核心功能的重要承载区,包括小陆家嘴、外滩、人民广场、淮海中路、南京路、西藏中路、四川北路、豫园商城、上海不夜城、世博—前滩—徐汇滨江地区、徐家汇、衡山路—复兴路地区、中山公园、苏河湾、北外滩、杨浦滨江(内环以内)、张杨路等区域,将重点发挥金融服务、总部经济、商务办公、文化娱乐、创新创意、旅游观光等功能。本书所述的

"城市中心"则限于这些活动区域中最热闹、繁华之所在。艺术在"城市中心"起到的是一种提高生活美学、增进生活乐趣、提升城市形象的作用。

《瞬间》 杨劲松

《上海市城市雕塑总体规划（2004—2020）》指出重点地区雕塑的规划布局分为市域与中心城两个层面。"市域层面——结合城市海陆空门户、城市发展轴、郊区重点城镇和产业区，确定城市雕塑建设的重点区域。中心城层面——建构'一纵、两横、三环、多心'的城市雕塑空间布局结构。一纵为黄浦江滨江景观轴；两横为苏州河滨河景观轴和延安路世纪大道东西向城市景观轴；三环为内环、中环、外环景观轴；多心即商务区、市级商业中心及副中心、历史文化风貌区及大型生态绿地等重点区域、重要节点雕塑景观体系。[1]"在城市中心的公共空间进行公共艺术的设置必不可少。

在城市中心崭新的公寓中生活，在具有设计感和一流配套设施的商务楼宇中工作，在软硬件都相当出色的美术馆、博物馆、歌剧院中享受文化盛宴，在宽敞的城市公园、绿地与自然对话，在拥有世界顶尖品牌的商场中穿梭、购物的这些精英人士，他们往往接触到的是与全球同步的各种前沿资讯，所以他们也拥有更包容的文化视野和接受能力。随着从事实验性艺术的当代艺术家的公共意识的不断觉醒，具有实验性的当代艺术越发触及精英人士敏感的神经，让他们想要第一时间参与其中。或许，这些人群中的大部分人对冗长的艺术史知之甚少，也无心过问，但是他们却很容易在当代艺术中找到乐趣，并乐此不疲地沉浸其中。"沉浸式"的艺术体验越发流行，因为大都市普遍存在"错失恐惧症"现象，即那种总在担心失去或错过什么的焦虑心情。当朋友圈中的艺术爱好者或伪艺术爱好者因为实验性艺术的这种意想不到的"临场感"而自觉、不自觉地将美图上传至网络社交平台时，获得相关信息的圈友为了不落人后，也会去尝试。尽管这样的尝试也带来了评论家对艺术价值问题的质疑，但不可否认，这能激起公众对艺术的兴趣，在使人们放松心情的同时拓展人们对艺术的认知，又可促进文创产业的发展，可谓是利处颇多。艺术家、策展人、企业家等纷纷看到了这类具有"实验性"的艺术的优势与价值，因而此类公共艺术的发展大有可为。

另外，具有高知名度的国内外大师的艺术作品更能激起精英人士的文化认同，并由此产生公共议题。这一点并非夸夸其谈，由于公共艺术置于城市公共空间中，很难用具体的门票收入来衡量其受

---

[1] 上海市城市雕塑委员会，上海市规划局.上海市城市雕塑总规划（2004—2020）[R].

欢迎程度，但可以从博物馆、美术馆的实践中窥知一二，具有国际知名度的艺术家的展览往往会获得更多更持续的关注。2014年年初，日本当代艺术家草间弥生在上海推出的个展，曾一度引燃了这座国际化时尚都市对于当代艺术蛰伏许久的热情。尽管门票定价50元，但上海当代艺术馆入口处仍旧每天都是大排长龙，在三四个月的展期内，有超过30万人次的上海市民自掏腰包前往，以当代艺术在中国的普及程度和影响力而言，单场仅门票收入就突破1 500万元，这样的数字着实惊人，也让人看到了上海吸纳当代艺术的惊人潜力。将具有国际知名度和影响力的艺术家的作品公开展示在城市公共空间中，或邀请这些艺术家进行现场创作是国内外的共同做法，这也将成为上海这座国际化都市，尤其是城市中心的公共艺术的发展趋势。

二、"边缘区域"的实践

对多数人而言，上海是长江经济带的龙头城市，是全球著名的金融中心，这样的说法作为人们对上海的整体印象或是总体描述无可厚非，但是在光鲜的既定印象之外，上海和其他都市一样也存在着"边缘区域"，这些地区似乎与上述的描述相去甚远。在社会学和经济学中，"边缘区域"不仅指地理意义上的边缘区域，更是指经济、政治、文化等趋于边缘化的区域。边缘化是相较于中心化的对应现象，是一种动态的过程，由量变到质变逐渐退出中心地区。城市化的进程带来的首先是农民、农业和农村的边缘化，农业增长率不断下降、基础设施建设滞后、生态环境日益受到破坏、村民公共活动减少、生活范围缩小、村落的集体社区活动正逐渐匮乏、老龄化等问题日益突出，上海的郊区、农村普遍成为边缘区域。而位于

第三章 上海城市公共艺术的发展趋势

主城区的中心城区也并非绝对不存在边缘化现象，一些被保护起来的传统里弄社区和20世纪五六十年代建造的工人新村等，由于居住条件和社区环境不佳，所以很多"老上海"的子女们都搬离了原来的住处，选择租借到离工作地点更近的社区居住，留下的多是老人，或是以较低租金租住在此的外来务工人员，这些地区渐渐被边缘化。

公共艺术对于边缘地区来说并不像城市中心那样往往是为了增加地区的吸引力而为之，而是肩负着更深层的，营造、活化、重塑社区的重担。王中曾说："美国每年都会企划很多文化节，让艺术家带着幼儿园的孩子们作画，带孩子们去游行，这样的活动能够吸引很多旅游者，同时也带来了相关的设计衍生品的销售，而其连带效应还包括酒店餐饮等。再比如德国城市的居民都居住在离城中心二三十公里外的地方，而市中心也因此失去了活力，于是他们举办了很多活动，让公共艺术激活城市活力，这就是所谓的艺术激活城市空间。"[1]

在"边缘区域"的公共艺术实践以临时且定期的艺术节或艺术活动为形式开展将成为上海城市公共艺术发展的一种趋势。相较于斥巨资购买一件与环境无法融合的雕塑作品，短期的艺术节、艺术活动利用有限的经费更能达成社区营造的目的。

举办定期的艺术节、艺术活动来活化当地社区，因为大量知名艺术家、策划人、艺术爱好者和媒体的云集，以及具有当地特色、具有前卫理念的艺术作品的出现，该地一夜间会受到广泛关注，各种效应由此产生。每年在相对固定的时间举行，将让艺术节的

---

[1] 张硕.公共艺术让城市发展进入美学时代[EB/OL].http://www.sohu.com/a/32962284_161623.

影响力不断扩大,并且形成系列,加深人们的印象。对于大型艺术节,志愿者通常在节日期间担任导游、查票员或艺术品的保安员;对于中小型项目,许多当地志愿者作为组织者参加项目,艺术家或策划人介入这些"边缘区域"则更多地扮演一个强大的联络者、(技术)指导者的角色。他们需要经常与地方政府部门、大学、企业及市民团体合作,并通过长期对社区历史文化和居民生活现状的调研,梳理出社区发展的脉络和特点,在此基础上激发公众对公共议题的探讨,让居民成为公共艺术作品的创造者和管理者。因为艺术的介入,在使环境得到改善的同时,也使居民的生活空间、交流空间得到改善,艺术成为造就幸福、和谐社区的一种重要策略。

2016行走上海——社区空间微更新计划
图片转自《行走上海——社区空间微更新计划》

第三节　上海城市公共艺术实现方式的共存及跨界

一、多样化的公共艺术表现形式

过去,"公共艺术"一词可以使人联想到公园里骑马的青铜士兵形象。今天,公共艺术可以有各种各样的形式,可以是暂时的,也可以是永久的。公共艺术可以包括壁画、雕塑、纪念碑、综合建筑或景观建筑作品、社区艺术、数字新媒体,甚至是表演和节日。现代公共艺术的面貌不再被纪念碑和雕塑为主要空间形态的既定框架所束缚,而是越发多样化,各种艺术形式并存的局面已经打开。

在城市雕塑领域,根据《上海市城市总体规划(2016—2040)》(草案)和《上海市城市雕塑总体规划(2004—2020)》意见,上海的城市雕塑将在数量和质量上都有明显的提升。结合国内外一些大城市的近况来看,这种"设置型"的公共艺术依旧多为长期设置的作品,但作品题材和形式语言越发宽泛,传统的圆雕和浮雕运用仍较为广泛,运用抽象语言的"动态雕塑"的活跃程度日渐增加。"动态雕塑"的特点是运用大量新材料与现代科技有机结合,注重对灯光、水、音乐等的运用,通过人与雕塑之间的肢体接触,光影、声波的传递等实现互动。

随着城市地铁空间的拓展以及城市中大型购物中心、学校礼堂、大剧院等公共建筑室内空间的增加,壁画、壁饰、地饰也有所增加,而它们的出现使得原本单调、沉闷的室内空间变得灵动、富有生气,从而起到定义空间、营造氛围、聚焦视点等作用;而一些拆建、整改中的区域也有赖于壁画的润色,改善了空间氛围。

行为艺术出现在人们的日常生活和公共场所中,这种以身体为艺术创作的基础，在表演中凭借自身身体体验来实现人、物与环境的交流的艺术，虽然褒贬不一，但这种实践在公共空间中可以第一时间引起众人的注意，适应了现代人快节奏的生活方式和文化体验需求。

除此之外，在现代科技的驱动下，不同于传统公共艺术以木头、石材、青铜、不锈钢、玻璃、玻璃纤维、水泥等为制作材料，现在也可利用计算机、音响、大型显示屏幕、传感器、移动通信设备等数字媒介，运用声、光、电等多种媒体、数字化技术来进行艺术创作；技术手段也不仅是焊接、手绘、拼贴等传统技术，还可以是计算机编程技术、虚拟现实技术、交互系统、全息影像技术等技术手段。建立在以数字技术为核心的基础上的一种兼具视觉、听觉和表演等特征的新媒体艺术将成为上海城市公共艺术中不可或缺的一部分。

美国国际雕塑协会（ISC）在1990年召开的会议上首次探讨了数码雕塑的发展和影响，1995年在法国举办了首届名为"数码雕塑95"的大型国际展览和影像交流活动。数码雕塑虽是一个年轻的新兴艺术领域，但随着数字技术在上海城市公共艺术领域的不断普及，尤其是2008年首届"数码石雕全国巡回展（上海站）"召开后，人们对数码雕塑已经有了初步的认识，数码雕塑在上海城市公共空间崭露头角只是时间早晚的事。数码雕塑是雕塑家用数码技术创作和制作的雕塑，它不同于一般的动画或游戏，也不是停留在电脑存储器中的虚拟影像，它是借助数码技术最终完成的存在于真实空间中的三维物体。从三维数码设计软件到三维数码成形设备，数码技术已经形成了一条完整的造型链，它正在把一部分新型的雕塑家从雕塑的传统手艺或技术中解放出来，从草图与泥塑的造型训练和技术局限中释放出来，为他们提供了全新的技术通道和巨大的发展空间。

新媒体公共艺术将不断拓展并融合多种艺术表现形式，互动装置、电脑动画、虚拟现实等纷纷进入人们的视野，具有动态特征的电子影像打破传统艺术的静态特征，其所追求的是艺术与技术的高度契合，聚焦日常生活化的题材，并通过虚拟的影像，将信息化时代背景下人们的所思所感通过一种前卫、琐细的方式表现出来。它在营造人性化和平共享公共空间的同时，传递着、述说着不同社群的文化理念或价值取向，以及对社会问题的批判和对理想境界的憧憬，并形成具有综合效应的文化交流平台，这是其他媒介及传播方式所不能替代的[1]。

虚拟现实技术在新媒体艺术中的使用，向人们展示了诱人的发展前景。虚拟现实技术，是利用计算机图形图像技术生成一个逼真的三维虚拟环境的技术。操作者通过传感器装置与虚拟环境交互作用，可获得视觉、听觉、触觉等多种感知，并能按照自己的意愿操纵或改变虚拟环境。由于它生成的环境是类似现实的、逼真的，人机交互是友好的，因此产生一种身临其境的具有动态、声像功能的三维空间环境。浏览者能够进入该环境，直接观测和参与该环境中事物的变化与相互作用。因此虚拟现实技术将一改人机之间的枯燥、生硬和被动的现状，让人们陶醉在流连忘返的工作环境之中[2]。

新媒体的介入令公共艺术具有更高的技术含量，数字技术将成为未来公共艺术发展不可或缺的依托，并且随着信息技术的不断推陈出新，公共艺术的临场感和互动性将越发强烈。在新媒体艺术中，科技与艺术有机结合，科技不仅仅成为一种辅助的技术手段，并且还为人类打开了一扇公共艺术未来发展的窗户。

---

[1] 柴秋霞.他山之石——论新媒体艺术在公共艺术中的应用[J].电影评介，2008（2）.
[2] 柴秋霞.他山之石——论新媒体艺术在公共艺术中的应用[J].电影评介，2008（2）.

二、临时性公共艺术的增加

公共艺术将继续延续其作为"视觉物件"的功能来提升上海的人文景观,这一点在相关的规划中已展露无遗,以历史文脉题材、艺术文化题材等为代表的"永久型设置"的公共艺术依旧有其存在的必要,可以此反映上海在中国近代城市发展史、革命史和民族工业发展史中的重要地位,反映上海的城市文化、科技、教育和民俗风情等。与此同时,在上海的公共艺术实践中,临时性公共艺术在近几年呈现出明显的增长态势,并吸引了诸多关注,成为一时间的焦点话题。相较于"永久型设置"的公共艺术,"临时性"公共艺术更能满足当代人的审美需求,激发起公众的参与兴趣,更及时有效地彰显公共议题。如从2014年9月起持续展出一年的一项名为"奔牛上海"的大型城市公共艺术活动就曾轰动一时,产生了强烈的社会反响。该活动在上海外滩、人民广场、徐家汇、静安寺和陆家嘴等多个主要景观区域举办,有200头奔牛雕塑的身上被绘上了各种图案,它们或站立,或做吃草状,或躺卧于地,让申城似乎变成了牧场。奔牛雕塑的原型出自瑞士雕塑家帕斯卡·克纳普之手,再由参与活动的艺术家彩绘而成。首届活动于1998年在瑞士苏黎世举办,上海是第80个举办这一活动的城市。

临时性的公共艺术通常以短期展示为主,往往可以在短时间内成为地区话题的焦点,受到人们的普遍关注。这种类型的公共艺术具有更丰富、更活泼的表达形式,呈现的可以是一件艺术作品、一次展览或是一场表演,但却是一种共同创造的形式,并且是具有鲜明"实验性"特质的当代艺术。临时性公共艺术的实现方式可以是雕塑、壁画、装置艺术,但同时不仅限于美术领域,还涉及表演、音乐、舞蹈、影像等多个方面。正因为其展示的作品往往是临时性的，甚至可能是转瞬即逝的，所以与获得最终的艺术作品相比，对艺术创作过程的记录、揭示就变得尤为重要。也正因为这种临时性，使得这类公共艺术项目需要持续、长期、更新地开展，随之发生各种连锁反应，类似于节庆活动一般成为某一地方特有的"品牌"。近年来，最为成功且典型的案例要数"上海电子艺术节"。从2007—2010年，上海举办了连续三届"电子艺术节"。每一届电子艺术节都有一个不同的主题和宗旨。2007年第一届的主题是"大众的智慧"。活动以浦东花木为中心区域，以徐家汇商业区、人民广场区域、五角场商圈、大宁国际商业广场为卫星区域。涉及七大活动板块：大型户外互动装置群、新视觉电子音乐会、奥地利Ars Electronica特别展、@未来、智慧论坛、艺术集群（新媒体艺术汇展）、链接公众。通过全球电子艺术领域的顶级艺术机构和艺术家的作品展示和互动体验，探讨电子艺术的发展方向，增加公众对电子艺术的认识，激发青年对电子艺术的兴趣，推动电子艺术在国内的发展。2008年第二届的主题是"城市化风景"。活动以浦东花木为中心区域，以徐家汇商圈和五角场商圈为卫星区域。活动包括新媒体艺术展、河上音乐秀、室内电子音乐会、大型户外互动装置群、电子艺术国际工作坊和动画艺术、学术研讨、公众户外大型LED手机互动、多媒体互动游戏、社区电子艺术等。通过紧密衔接世博城市化生活主题，将全球顶级电子艺术引入上海，把中国优秀传统文化与电子艺术结合，着力培育和扶持本土优秀人才成长。2009年第三届的主题是"系统更新"。不同于前两届在全市布点的大规模展示，而是分了三大项目板块："eARTS BEYOND——上海国际画廊媒体艺术邀请展""完美幻觉——中国比利时媒体艺术交流展""新媒体考古——学术研究项目"。三个项目都是以国际间代表性机构的文献为线索，对国内外新媒体艺术的发展历史与其在社会文化领域内的现实活动情况及成就进行梳理和反思。三届电子艺术节的开展由浅入深,由实践到理论,由对电子艺术的普及到对电子艺术的交融发展的探讨和本土力量的培养,再到对发展过程的梳理与反思。虽然每次活动持续的时间都不长,但连续三年的开展已令上海甚至是上海以外的人们对这个活动留下了深刻的印象。

在临时性公共艺术中,艺术和社会福利、艺术和乡土文化、艺术和日常生活、艺术和教育等产生了密切的交集。艺术家避免设定具体的目标,以确保某种程度的无目的性,但却试图与参与者的日常生活碰撞出火花,为公众提供了更为广泛、亲切、生动的互动体验。临时性公共艺术将成为今后上海城市公共艺术发展的一大主流,其出现数量、频率的增加不言而喻。

三、生态艺术的萌芽

生态艺术以环保理念为指引,将自然环境与人文因素融为一体,并且涉及政治、历史或社会问题,如社会公正、非暴力和基层民主。其实现方式有三种:第一种是在自然生态相关的问题上,艺术作品不再是单方面的与自然环境相结合,或以自然要素作为材料、以环境作为场所,而是着手修复受损环境,艺术家和环境的交互具有改善自然环境、挽回人类损害的功能,可将废墟或贫瘠土壤转换成再生之地,为遭受人类破坏而失去自然平衡的区域设计或创造生态艺术品[1]。这是生态艺术的主流形式,其担当者通常不会是所谓的艺术家,而是景观设计师和区域规划专家。伊恩·麦克哈格指出21世纪最伟大的艺术创作主题是"修愈受伤的地球",提出

---

[1] 王致诚.面向21世纪的生态艺术[J].森林与人类,2002(11).

要对受伤的地球给予关爱与补偿，合理利用或重复使用资源，对遭到破坏的从微小的生活用品到广阔的地形地貌进行恢复与疗伤，标识出公共艺术从塑造都市环境到修复生态环境的革命化进程[1]。第二种是通过影像、绘画、雕塑、多媒体装置、表演等艺术形式，来表达我们对自然生态的理解与担忧。这种作品多由视觉艺术家完成，其工作性质虽然不能有效解决实际生态环境，但也具有传播生态观念、强化社会生态意识的舆论价值[2]。第三种是运用绿色能源进行艺术创作，或研发全新的环保材料来作为公共艺术作品创作的材料，减少对自然资源的损耗，降低材料降解时的污染。

生态艺术从20世纪90年代开始便备受西方艺术家的关注，这类公共艺术在上海的实践还较为少见，但近年来已有艺术家将目光投向该领域，在选择材料时也逐渐地考虑到人类的生存与环境问题，尝试进行"绿色设计"，具有环保理念的公共艺术作品也已出现在人们身边。艺术家通过自己的实践，唤起人们对于生存环境问题的关注。如前述同济大学景观学系的刘悦来老师，从2014年开始发起了"都市农园"计划。又如2013年和2014年曾在陆家嘴绿地举行的"剩余价值"环保艺术大展，该展览通过对资源回收再利用这一概念进行讨论，旨在引起公众对废旧资源回收再利用的关注。2013年有13位艺术家参与展览，2014年有8位建筑师分为6个小组进行创作。他们用可乐瓶、轮胎、塑料框、光盘以及各种小件电子垃圾制作作品。展品中的《红色穹顶》是用522个染色可乐瓶搭建起来的一个庞大的装置艺术。大部分作品在展出后被送到再生资源回收平台拆解，因而这些艺术作品体现了在废物回收流转过程中挤压出来的剩

---

[1] 王洪义.修复受伤的地球——生态艺术的当代使命[J].设计学研究，2012（11）.
[2] 王洪义.修复受伤的地球——生态艺术的当代使命[J].设计学研究，2012（11）.

余价值。

随着人们对生存环境的持续关注，在上海城市公共空间更加频繁的导入生态艺术只是时间的问题。生态艺术有各种实现方式，但通常都具有一定的科技含量，并非凭借艺术家的一己之力可以完成，且多数与自然生态相关的作品都依赖于地方本身的气候、环境和天然资源。上海地处东海之滨，本身是世界上最大的港口城市之一，拥有丰富的水资源。黄浦江流经青浦、松江、奉贤、闵行、徐汇、黄浦、虹口、杨浦、浦东、宝山，至吴淞口注入长江；在上海的松江境内，以佘山为主有着大大小小十几座山丘。在这些拥有天然资源优势的地区实施公共艺术项目时，结合环保理念和自然资源的艺术创作大有可为。

此外，在缺少自然资源的市区空间，为实现进一步节约集约利用存量土地，实现提升城市功能、激发都市活力、改善人居环境、增强城市魅力的目标，2016年上海市规划与国土资源管理局启动"行走上海——社区空间微更新计划"，以社区公共空间的"微更新"为切入口，将艺术导入其中，提升建成区环境的物质条件并融入社区成员的情感体验。11个社区公共空间被列为试点项目，覆盖长宁区、浦东新区、青浦区、静安区、徐汇区和普陀区。其中，普陀区石泉街道社区的水泵房改造项目获得了很好的反响。该房子原先是市政部门的一个抽取污水的场所，在改造之前被闲置多年，空洞的房子阴森吓人，蚊蝇滋生问题严重。经过改造后房子和四周环境得到了大大的改善。以社区微更新的推进为契机，在空间有限的城市建成区内，导入具有环保理念的作品，或是借用自然要素作为材料，又或是采用节能环保的材料进行艺术作品的创作，以公共艺术项目的开展从根本上改善、修复受损生态环境、人居环境也将成为一种流行。

第四节 "全球在地化"的探索与"以人为本"观念的凸显

一、因地制宜与全球互动

在全球化过于强化"同质"形式的全球意识下,不少文献尝试以对立或抗衡的角度来说明"全球化"与"在地化"之间的关系,相较于上述两种极端的立场,有另一些学者,例如罗兰·罗伯逊统合"全球化"与"在地化"特性及两者的互补关系后,提出"全球在地化"的概念。这一观点可以说是基于因地制宜与全球互动的理念而提出的。具体而言,他强调"全球化"与"在地化"的结合,指出所有全球范围的思想和产品都必须适应当地环境,不是同质化的复制,而是一种各地方风貌借由现代化发展而展现地方文化魅力的条件。"全球在地化"借全球化资讯、技术、思想、资本、人才之迅速跨国流动的裨益,使不同地区的政治、经济、文化等在全球化的过程中,依其各自不同的逻辑生存,彼此无法化约或模仿,必须在各自的关系脉络中被解码与理解。面对全球化的形势,"全球在地化"紧扣当地特色,依循当地社会逻辑与脉络特性。换句话说,全球化是"纬",在地化是"经",前者是横向的动态连线,后者是扣紧当地特色的动态纵深,两者相生而存,但也彼此激发出新的发展理念。"全球化"与"全球在地化"在逻辑上一方面是"普遍的特殊化",另一方面是"特殊的普遍化",而这种逻辑正好对应于上海城市公共艺术的发展。

上海相较于其他城市,全球化的冲击程度更加明显,为此,借由公共艺术实践对"地方性"进行彰显的必要性和重要性就更加突出。2010年5月,"海市蜃楼——上海地铁公共艺术展"在上海

《都市之光点燃了我》 高芙雁 2010年
图片版权属于上海大学上海美术学院

南站地铁换乘通道内展出，展览共展出了8位国内外艺术家的作品，这些作品以世博会举办期间的上海为背景，诠释了上海的文化和日常生活，突出了上海的地方特色。如艺术家高芙雁以上海市民的家为艺术创作的载体，共创作了7件作品，其使用LED软灯光勾勒房间内部物品的轮廓，然后把图像投放在灯箱中，置于地铁的过道里。该系列作品充分体现了上海民居的特点。

麦肯·迈尔斯说："公共艺术有时候也被称为'特定地点'艺术，是指装置在某指定地点上的艺术作品，或者是为该特定地点本身设计的艺术，它们往往要与处于特定公共领域框架中的城市空间所具有的社会文化脉络联系到一起。"[1]因此，要准确理解和

---

[1] 麦肯·迈尔斯.艺术·空间·城市：公共艺术与都市远景[M].简逸姗，译.台北：创兴出版社有限公司，2000：24.

把握上海的社会状况与生态结构、格局及秩序，以及与其他地方社会的差异性，从人文和生态两个角度尊重公共艺术的生长状态及其环境，凸显传统文化、延续地方精神、维护环境系统，突出地方性；同时，结合全球最新资讯、技术和人才等实现全球互动，成为一种必然的发展趋势。在实践过程中，"全球在地化"的"在地"通常指以特定地点的社区为背景，以社区为单位，在熟悉的建筑空间中开展艺术创作活动，对于人文性和生态性作更精准的聚焦。

二、"以人为本"观念的凸显

中国学者李公明注意到20世纪90年代末中国艺术出现的"社会学转向"："艺术家的世界从艺术内部问题扩展到艺术与社会的广阔领域，如我们近年来在许多国际双年展、文献展所看到的那样，战争、饥饿、艾滋病、种族身份、地缘政治、弱势群体、全球化影响下的地方发展等社会问题成为社会关注的焦点。"这种转向还在持续升温，文化政策的制定者、公共艺术的理论研究者、公共艺术家等都已认识到公共艺术的发展离不开公众的参与，"走向公众"既是开展公共艺术的社会期待，也是最终目标，"走向公众"的信念指引着上海城市公共艺术的发展。

回想推动公共艺术的初衷，具有公共属性的艺术，是否只有政府才可发动，或仅可由专业人士、艺术工作者来评定其内容、阐述其理念？公众参与是否仅是公众体验艺术家的创作成果，或协助艺术家完成作品创作？从上海城市公共艺术发展的脉络来看，在不同时期，因为存在方式和主导者观点的不同，对于公共艺术的理解必定存在差异。在多元社会治理模式与公民自治模式下，以公众的诉求为导向的公共艺术才符合时代的精神。"公共性"将回归公众本身，突破等级和权利的限制，在此，由公众参与而诠释出的"艺术"，无法类比于艺术专业的学生和艺术家创造出的"艺术"，公众参与"艺术"活动，在于使之成为一种生活美学及公众论述的内容，通过提出创意、分享观点，来缔造出一份对于城乡的价值认同。艺术对于公共的意义，更多的是以公众为主体，用他们的观点、主张与方式来表现出具体地点的人文特质。还需指出的是：此处虽强调的是公众参与创作的公共艺术，但即便是由艺术家创作的艺术作品，也必须涵括当地市民的观点，绝非仅是艺术家的个人意志。

艺术促使公众形成公共议题，艺术对于公共领域而言，在于其中介属性，可促使公共议题的生成对公共议题作出回应，这都能够激发出无限的可能性。因此，当公众参与艺术创作，这一行为本身就是一种公众意志的反映。艺术产品与公共事件之间，并不存在绝对的主次与先后关系。公共议题的彰显既可以是公众对现存作品的思考，也可以是在某个公共议题的基础上有所启发，进而开展艺术创作、视觉表现。

艺术家前几年还在"计划型"公共艺术中占有较为主导的地位，而这两年间，上海不少公共艺术项目中艺术家都开始把更多的自主权交付给了参与项目的市民，从前期的准备、作品构思设计，到动手创作，再到后期的维护，参与者完整参与了整个项目。今后，在上海的城市公共艺术领域，公共议题的聚焦与产生不再仅依托于艺术家个人，而是由公众对公共议题进行彰显。这种改变，促使公共艺术逐渐由纯粹的艺术创作扩大到人文领域；公共艺术逐渐摆脱视觉艺术形态的固定印象，回归公众。这不仅被视为一场关于公共艺术的改革，同时也是一种实验性的开端，公共艺术走向了一种"后自治"状态。处在转型时期的当代中国社会，正面临利益关系调整的问题。这时，运用公共艺术的中介属性，引发公众的参与热忱，促使公众对公共议题进行思考、讨论和表述，十分必要。

第四章
影响上海城市公共艺术发展趋势的因素

在上海，公共艺术相关政策的不断推进以及公共艺术教育的深入开展，使市民和艺术家的公共意识逐渐觉醒，加之数字技术应用融合的深化等客观因素，为上海城市公共艺术的进一步发展创造了理想的环境，对上海城市公共艺术在未来的发展产生了重要且深远的影响。

第一节 公共艺术相关政策与公共艺术教育的充实

一、多项政策助推上海城市公共艺术前行

公共艺术离不开政府的管理与支持，随着公共艺术实现方式的拓展，与公共艺术相关的政策也不再仅限于城市雕塑领域，公共艺术与城市规划、公共文化建设紧密相关。从2000年后，《上海市城市雕塑总体规划（2004—2020）》、《上海市城市总体规划（2016—2040）》（草案）、《中华人民共和国公共文化服务保障法》、《上海市美术馆管理办法（试行）》等相继出台与实施，对上海城市公共艺术

第四章　影响上海城市公共艺术发展趋势的因素

的发展产生了深远的意义。

（一）规划导向

《上海市城市总体规划（2016—2040）》（草案）是立足上海历史新起点、适应发展新趋势、应对发展新挑战的现实需要而制定的，明确提出了"迈向卓越的全球城市"的愿景，并定下了上海城市发展的新目标和分目标，新目标旨在适应国际趋势、落实国家战略、立足市民期待。在全球迎来创新驱动的知识经济的时代，把文化视作城市发展的战略性和核心性资源。分目标则提出至2040年，上海要打造成一座创新之城、一座人文之城、一座生态之城。"适应国际趋势、落实国家战略、立足市民期待"既是上海城市规划的目标，同时也是上海城市公共艺术发展的方向。公共艺术是城市文化建设中的重要组成部分，同时也是体现人文关怀、促进人文发展的重要途径。在《上海市城市总体规划（2016—2040）》（草案）中有多项具体规划都与上海城市公共艺术的发展休戚相关。

直指公共艺术的规划。参照国际化大都市政府相关鼓励政策，上海未来将设立"公共艺术百分比制度"，逐步加大公共财政预算中对公共艺术的投入比例，设立企业文化消费免税等政策措施，推动公共艺术投入，通过PPP（Public-Private Partnership）模式，即政府和社会资本合作，在公共文化领域引入更多社会力量、市场力量。"公共艺术百分比制度"的实施将加大上海城市公共艺术的执行力度；政府与社会力量的协同支持为上海城市公共艺术的永续发展提供了重要保障；各界对新媒体的关注将促使其在公共艺术领域大有可为。

面向艺术家的规划。"为吸引文化机构和文化从业者在上海创新创业，上海未来将文化艺术从业者纳入相关创新人才认定体系，并给予落户、公租房等优先保证,给予文化艺术界个体创作人员在医保、社保等方面的特殊保障,并结合城市更新项目,保留一定的艺术空间,鼓励业主直接向文化社团和工作者提供闲置建筑空间。"[1] 由于艺术家对艺术的创作是独有的,没有艺术家,公共艺术的原创性就无从谈起。这些面向文化艺术从业者的福利能使文化艺术从业者更好地潜心于艺术创造,而艺术家的创意正是推动公共艺术多元发展最根本的动力和源泉。

针对公众文化艺术教育的规划。"在各级教育中,规定通识性的人文艺术设计内容和课时,鼓励青少年课外文化艺术体育类社会培训。引导各类社会性文化活动吸引青少年参加,完善人文艺术终身教育体系。鼓励针对文化类就业的技能培训,引导艺术+管理、艺术+科技、设计+新型制造等新型职业和高等教育课程与项目设置。市区两级和有条件的街道通过出资、出场地等方式,吸引新媒体、当代文化艺术等培训机构入驻。社区将作为上海未来文化发展的基本单元,社区居民将充分参与到文化发展与建设当中。鼓励公共建筑、公共空间的多样化文化活动利用。推动艺术家和文化组织参与社区文化建设。"[2]社区公共空间将成为市民接触文化艺术的首要场所。人们认为,艺术是一种"习得的"或"培养出来的"品位。更确切地说,人们必须熟悉艺术,然后从中找到乐趣,而你越是熟悉艺术,你就可以从中获得越多的快乐[3]。相反,因为缺乏对艺术方面的认识,对艺术文化信息的获取不足首先便导致了无法习得艺术品

---

[1] 上海市城市总体规划编制工作领导小组办公室.上海市城市总体规划(2016—2040)(草案)[R].

[2] 上海市城市总体规划编制工作领导小组办公室.上海市城市总体规划(2016—2040)(草案)[R].

[3] 海尔布伦,等.艺术文化经济学[M].詹正茂,译.北京:中国人民大学出版社,2007:366.

位，由于不了解艺术而不去参加这类活动，故而无法获得潜在效用。加强公众公共文化艺术教育是让公众"习得"艺术品位，认识、了解公共艺术的有效途径，而公共艺术最需要的就是公众的支持与参与，由公众的智慧焕发出上海城市公共艺术的无限生命力。

有关城乡发展的规划。城乡一体化的持续推进意味着乡村的人口职业、产业结构、土地及地域空间等都将发生转变，而这些都会影响到上海城市公共艺术的发展。由于城市化与公共艺术发展的关系尤为密切，为此城市化对上海城市公共艺术发展的影响重大，本章的第二节对此将进行重点探讨。

关于历史文化保护的规划。"拓展历史文化保护对象，在已划定历史文化保护对象的基础上，增加风貌保护街坊、风貌河道等保护类型，增补里弄住宅、工业遗存、工人新村、传统校园、历史公园等文物和各类历史建筑，加强保护代表上海地方文化的非物质文化遗产以及历史记忆、社会生活等非物质要素。推进老旧住宅的可持续使用。实现老旧住宅持续使用、城市住区有机更新和社区文脉的有序传承。"[1]公共艺术介入老旧社区的更新与重塑已成为世界各国诸多城市共同的选择，并且带来了可见的效益，上海也已行动。

《上海市"十三五"时期文化改革发展规划》针对上海在"十三五"期间的文化发展作了具体的规划。其中，第四条"促进优秀文化产品创作生产，丰富人民群众精神文化生活"中的第六点指出：持续激发城市文化创造活力。扩大文化领域开放，促进文化市场主体多元、要素集聚，吸引培育更多文化大师和思想大家。继续实施上海城市文化氛围营造战略，推进文化进广场、绿地、街区、

---

[1] 上海市城市总体规划编制工作领导小组办公室.上海市城市总体规划（2016—2040）（草案）[R].

商圈、地铁、机场、校园等工程，注重培育城市文化内涵。积极发展城市公共空间艺术，引导街头艺人、涂鸦艺术等健康发展。上海城市公共艺术已被考虑在上海文化发展的规划之列。与此同时，艺术进社区、加快推进传统媒体与新兴媒体融合发展等理念也在该规划中得到体现，聚焦现实题材、爱国主义题材、重大革命和历史题材、青少年题材，围绕中国梦和社会主义核心价值观及重大主题活动也将在日后上海城市公共艺术的实践中得到展现。

《上海市城市雕塑总体规划（2004—2020）》向我们展示了到2020年为止上海城市雕塑的发展方向。该规划作为指导城市雕塑发展和建设的文件，也是实施城市雕塑建设、城市雕塑管理的基本依据，用以指导城市雕塑所涉及的城市公共空间的规划、设计以及城市雕塑的选址、策划和实施管理。为此，从该规划中可以洞悉上海城市雕塑的短期发展趋势。上海城市雕塑的实践将在总体规划的基础上继续有条不紊地开展，广大市民将会在城市雕塑的评议中获得更多话语权，城市雕塑无论在数量还是在质量上都将有一定的新的突破，实现城市雕塑创作在各种题材上的多点触及。

（二）政策保障

《中华人民共和国公共文化服务保障法》的出台，使公共文化服务有了基本的法律保障和支持，这也将促使各级地方政府针对地方的需要制定公共文化服务的法规和制度，来作为地方公共文化设施，文化产品，文化活动建设、生产和举办时的法律根据。今后会有更多公共文化设施的出现，公众将可以得到更普遍的艺术文化服务，这为公共艺术的发展创造了机会和条件。

《上海市美术馆管理办法（试行）》中对上海的美术馆提出了"提升人民群众的审美素养"的要求，美术馆作为"社会大课堂"，将在提升公众审美素养方面发挥越来越重要的公共教育作用，预示着教育功能逐渐成为美术馆存在的新价值。公众审美素养的提升意味着人们更愿意为艺术文化产品和服务"买单"，认可和参与公共艺术实践，由此使公众和公共艺术形成良性的互动。

上海文化发展基金会的持续运作，为政府、企业和民间力量共同支持上海城市公共艺术搭建了一个很好的平台，助力上海城市公共艺术的进一步发展。国外的诸多"文化基金"对公共艺术的发展都起到了重要推动作用。如1965年成立的美国国家艺术基金会（NEA）就是美国公共艺术项目最大的支持方，从创立最初就提出在视觉艺术领域坚持联邦政府将联邦建筑项目建设预算的1%作为艺术装饰费用。其后，NEA的"公共艺术项目"于1967年开始运行，面向机构，以配比的方式提供资金赞助，鼓励申请方与私人基金会参与。时至今日，公共艺术仍是NEA在视觉艺术领域主要资助的方面，被资助的项目可以由一个或多个特定的事件或活动组成。NEA的支持大大加快了美国各地的公共艺术建设，由于国家艺术基金会对公共艺术的支持，促使各地方城市开始推进公共艺术的建设。步入20世纪70年代后，美国各地的城市公共艺术如雨后春笋般涌现出来。

从"城市规划政策"到"公共文化政策"，相关政策的推进为上海城市公共艺术的发展创造了良好的制度环境，这是上海城市公共艺术永续发展的基石，各项计划、措施的出台将会大大推动上海城市公共艺术的发展。

二、公共艺术教育的深入开展

长期以来，无论是雕塑艺术的学习，还是作为高校学科的公共艺术，接受教育的多为成年人，而基础教育环节的公共艺术的普及十分有限。关于这一点上海和台湾的公共艺术发展有着诸多相似之处，台湾学者林志铭在评价台湾公共艺术的近况时指出："长久以来，在基础教育的学习过程中，仍然缺乏适当的美学启发与介绍良好的美感教育的机会，正因为缺乏完善的教育机制、参与经验的普及性以及在公共议题的意见表达与形成共识的能力，在多数人看来，'公共艺术'仍然仅是停留在字面上的想象，认为应是具有卓越才能的艺术家设置在公共场所的艺术作品。正因如此这般的概念约束，令展示在城市公共空间中的'艺术'的核心，被限制在创作者的个人意志、一种特定专业的知识与技能。"[1]

　　近几年高校公共艺术的学科建设越加重视与社会的协作，美术馆的公共教育也在不断深化，社会力量对公共艺术的关注度与支持力度也日渐加大。这将改变多数人对公共艺术的既定观念，并从根本上使公共艺术真正走向公众。高校的公共艺术教育不再是纸上谈兵，而是采取理论+实践的方式，由高校连动社区开展公共艺术项目，通过艺术作品打造富有识别性和文化氛围的空间，引起很好的社会反响，这种协作的模式正在不断升温、发酵。学生将课堂所学的理论知识、手工技艺应用到实践中，让这些未来的"公共艺术家"真正在实操中积累经验，即便一时无法成就精品力作，但这种实践的经验确是宝贵的，是造就成功项目和杰出人才不可或缺的。与此同时，能够服务社会，这让学生和老师都可以获得成就感，产生想要尝试新项目的欲望。高校的介入可以让社会各界更加关注项目的进程，有望带来更多的社会资源，政府、企业、高校、市民因为一个公共艺术项目而被凝聚到一起，在人与人的沟通、交流中，激发出新的灵感和创

---

[1] 林志铭.蓝海——公共美学[M].台湾：暖暖书屋文化事业股份有限公司，2017：15.

意。如此，相较以往那种以教师为中心的较为被动的项目承接形式而言，这样的公共艺术教育能够推动公共艺术更正向的发展。

美术馆公共教育是让公众认识、了解公共艺术的最重要的平台之一。美术馆公共教育的不断深化，弥补了课堂教学和社会学习的缺失，根据各大美术馆公共教育的方向和目标来看，不难发现，今后美术馆将不再只是满足于单纯的艺术讲座，更深入的艺术实践、艺术课程将成为一种主要趋势，公共教育也将逐步从对"量"的追求过渡到对"质"的获得。美术馆公共教育的持续推进必定会使公众对公共艺术有新的、更全面的认识。公共艺术的受众是市民，当市民对艺术有了更充分的认识后，他们对公共艺术的需求也会随之增加，进而能推动公共艺术的永续发展。

社会力量的介入对助力公共艺术教育的可持续发展具有重要意义。相对于专业但辐射面较为有限的高校和美术馆公共艺术教育，以规划、建筑、景观、艺术等专业的人才自发的，以志愿者形式开展的公共艺术教育具有更大的覆盖面和更强的集结力。这种自发行为在这两年逐渐多了起来。"19.3"就是这样一个案例，"19.3"这个名字来源于一群80后设计师和艺术家自发地对虹口区欧阳路社区中的一家青年旅社中荒废的一个19.3平方米和一个20平方米的空间的改造，通过植入艺术激活空间。该项目得到了同济科技园孵化器相关负责人的认可，并给予了项目资金支持。在类似的实践中，艺术家、设计师和团体以自己熟悉或关注的环境为背景，自发地进行艺术创作，开展环境美化工程，借此过程，在潜移默化中达到与对公众进行书本式美学教育相同的效果。他们的实践获得公众的认可，在造福一方时，其他领域的目光也将被吸引，成为项目的支持者，对项目给予资金扶持，使项目操作实施得到保障。如此一来，便产生了如同滚雪球般的效应，越来越多的新项目被发起，不同的受众从中有所学、有所收获。

第二节 经济体制的优化与城市化的推进

一、平稳的经济发展对公共艺术的支撑作用

在公共艺术发展的外部影响因素中，经济因素的影响尤为突出，经济繁荣是公共艺术发生的基础之一。艺术生产是一种满足于人类精神需求而进行的"精神生产"，是审美的社会意识形态的生产。马克思主义理论鲜明地指出，由生产力和生产关系构成的"经济基础"决定了包括人类诸意识形态在内的"上层建筑"。公共艺术是一种审美的意识形态，属于物质社会的一部分，同时，现代公共艺术活动是社会活动的一部分，肩负着社会实用功能。为此，公共艺术的生产、分配、交换、消费必须服从经济规律，社会经济形态的不同，会直接或间接地造成公共艺术开展的目的与方式的差异，由此令公共艺术作品的内容与形式发生变化。

近几年，上海经济运行平稳，经济结构不断优化。上海市人民政府发展研究中心经济形势分析课题组发布的《2017年上海经济形势分析报告》中指出："2017年上海经济总体平稳、稳中向好、好于预期；经济运行呈现'六个高于'的特点，增长更稳、结构更优、效益更好，高质量发展势头显著；自身改革创新、国内政策效应和全球经济复苏三大有利条件支撑经济良好运行。"[1]一方面，"老产业"转型升级后释放了新动能，带来了新增长。如汽车

---

[1] 上海市人民政府发展研究中心经济形势分析课题组.2017年上海经济形势分析报告[J].科学发展，2017（1）．

行业抓住了消费升级换代趋势，更新产品、升级生产线。另一方面，"新经济"的创新发展持续发力，不断释放增长潜力。在大众创业、万众创新的推动下，"互联网+"等新业态、新模式继续快速发展，抵消了传统业态的不断下滑。同时，一些战略性新兴产业也开始发力。

地域经济的平稳运行是公共艺术得以可持续发展的重要因素，只有在良好的经济大环境下，保证充足的资金、资源投入，公共艺术才可能得到有力的推广。现代市场经济多元化仍将反映在公共艺术上，随着产业结构的不断优化，文化产业的比重继续上升，公众对于艺术文化的认知和接受程度、参与热情将继续提高，这推动了上海城市公共艺术在形式、内容方面的变化与拓展。加之社会对设计行业的需求不断增加，对现代城市文化环境建设日益重视，这将使上海城市公共艺术创作持续发力。随着国外资金、技术与管理的进入，频繁的国际间的艺术文化合作与交流，会为上海的城市公共艺术注入新的灵感与活力，碰撞出别样的火花，上海城市公共艺术的创作手法与审美层次将不断丰富，政府、私人企业独立或合作投资将令公共艺术形式更加多样化。

二、变化中的城乡发展对公共艺术的需求增加

城市化使农业人口非农业化，城市人口规模不断扩张，城市用地不断向郊区扩展，城市社会、经济、技术变革进入乡村。城市化进程是上海谋求发展的必要条件，也是促进经济增长的有效手段，城市化不断改变着上海文化的肌理。可以说，以城市雕塑为主的"设置型"公共艺术是过往上海城市公共艺术的主流，这与社会转型时期城市公共领域的不断增多密切相关，其具有明显的城市化审美

特征。

　　城市化不仅是乡村向城市转型的过程，同时也是城市自身不断更新的过程。凯文·林奇曾言，"城市建筑空间乃是人们经历时间之流的有形体现。对人而言，建筑物能让人们感受到与过去（历史）的关联性。同时，人们也因为此延续感而体验到自身可以对未来下决定及开展行动的能力[1]"。然而，随着强调开发效益的城市化发展、经济全球化的形成，"现代化"的追求往往又对超高层的建筑物趋之若鹜，市中心原本的城市建筑空间被打破，大量记录或表达着本地人生活经验、历史及文化的低矮旧建筑及传统上海住宅遭到拆除，而空置出来的地方则兴建了那些去历史及去文化、但有当下投资价值的摩天大楼。近年，上海大规模的城市拆建脚步已经放缓，但是小面积的城市建设仍将持续推进。景观上，受国际式样设计风格的标准化冲击，城市面貌趋同化日渐突出，这带来了地域自明性的消失及地方文化认同的危机。与此同时，受建筑容积制的规定，建筑物的间距拉大，在外部空间设置公共艺术作品作为修建高层建筑的补偿，令城市的开放空间更具魅力，增加了城市的识别度。迈克尔·布隆博格在担任纽约市市长期间，对"公共艺术百分比艺术项目"为城市文化作出的贡献进行了肯定，他认为"百分比艺术项目"在纽约市的地理和文化风景上留下了难以置信的印记，对这些亮丽的风景遗产做出了一定的贡献。伴随着上海城市化的继续推进，将会带动城市的环境建设的高速发展，而"设置型"公共艺术作为为城市环境建设而服务的艺术设计行为、作为城市化的产物，也将成为重要的风景遗产。

---

[1] 郭恩慈.东亚城市空间生产：探索东京、上海、香港的城市文化[M].台北：田园城市文化事业有限公司，2011：139.

第四章　影响上海城市公共艺术发展趋势的因素

梅川路步行街雕塑

当象征本区集体记忆及文化的旧建筑被毫不留情地拆掉后以一栋栋同质化的高楼大厦代之时，整个区域的市容和情感也随之崩盘。因为农民的宅基地被征收，住进了崭新的楼房中，习惯、熟悉的生活方式的丧失，重新适应新的生活方式并不那么容易。"乡村在现代文明的覆盖下，将质朴与粗重一并剥离，换上精致的城镇躯壳。这改变的不单是城市或者乡村的面貌，更是身在其间的人的状态，是一种延续了数千年的生存方式。原本便存在诸多问题与危机的城乡体系在这一过程中呈现出全新的现象与矛盾。[1]"随着城市化的不断

---

[1] 金江波，潘力.地方重塑——公共艺术的挑战与机遇[M].上海：上海大学出版社，2016：24.

推进，越来越多的年轻人向城镇迁移，生活在农村的大多是中老年人口。与人口老龄化相对应的是农村的空巢化现象。上海农村已经出现村民公共活动减少、生活范围缩小的现象，村落的社区生活正逐渐匮乏，社会发展活力随之减弱。

上海城市生态系统中的自然生态也面临着严峻的挑战。自2000年以来，在高强度的人类活动的作用下，上海生态系统空间结构快速变化，城镇生态系统扩张迅速，由中心向四周明显扩散，面积和比例不断提高。天然/次生林面积萎缩，城市绿地快速增加；耕地被侵占，分布趋向破碎化，面积和比例快速降低；生态系统服务功能受损，生物多样性降低；滩涂湿地明显退化；重大工程导致河口和近海生态环境影响凸显等。尽管近年上海常规污染物指标呈现改善趋势，但高速发展的城市化与区域经济一体化使上海和长三角重点城市面临越来越复杂的大气复合型污染问题。

艺术家是一群具有敏锐的社会感知力的人群，公共艺术家艺术实践的动力来源于社会责任感，称职的公共艺术家有能力率先发现潜伏的和未来的危机并超前地提出对策方略。凡此种种的社会问题必定会进一步激发出艺术家的公共意识，借由艺术创作表达自己的意见。

2015年，上海市人民政府出台了《上海市城市更新实施办法》，这意味着上海城市发展进入了一个全新的阶段，表明上海城市更新模式从增量开发到存量挖掘的转变，上海的城市更新进入"微更新"的时代。艺术介入社区、深入环保领域，其在公共场域的积极意义将不断拓展。艺术在改变公共空间环境品质的同时，促进了社区交往和活力。公共艺术实践目的推广可增进市民的社区凝聚力，使人们对邻里环境产生归属感。当人们主动积极地参与群体艺术创造时，社区的人气及活力也会同时衍生。上海城市公共艺术将深入城乡生态系统,结合环保理念开展创作活动,为使我们生活的、热爱的城市环境得到改善贡献力量。以纪念碑、城市雕塑来传达理念的方式和机制逐渐会被公共艺术代替。

第三节 多元社会的转向与公共意识的觉醒

一、多元美学价值并存下的公共参与意识

我国当下正处于思想观念大碰撞、文化价值大交融的关键时期,改革开放的不断深入和社会主义市场经济的逐步完善,社会经济成分、组织形式、就业方式、分配方式和利益关系等日趋多样化,人们的思想意识前所未有的活跃,价值观念趋于更加多样化。

随着平等、包容、共生的价值体系不断深入人心,公众拥有了更多的话语权、参与权和决定权,这直接促成了多元文化的产生,为艺术个性的发挥提供了基本保证,传统艺术话语的霸权地位受到前卫或先锋艺术话语的抗争、挑战,艺术在表达个性的同时,不断趋于自律、走向多元,多元美学价值并存的局面逐步形成。中国当代的审美意识不再仅受以精英阶层为中心的传统审美意识的禁锢,而在较大程度上展示了崭新的审美观念,新的审美意识正在建构。

公共艺术是一座城市文化面貌的体现,是城市文脉的延续和发展。上海独特的发展历史形成了海派文化,而海派文化的烙印自始至终伴随着上海城市公共艺术的发展。在海派文化的影响下,上海城市公共艺术在题材、表现形式上已形成了多元融合的特点。海派文化造就了风情万千的上海城市公共艺术,上海城市公共艺

术也将继续以"海纳百川、兼容并蓄"的海派文化精神作为支撑其发展的根源，上海城市公共艺术也将继续成为海派文化呈现的重要载体。

在上海，各种类型、题材、风格、形态等的艺术都有人接纳和欣赏。尽管传统事物在现代城市中仍保有一席之地，但具有创新性的、综合性的事物将获得更多的追捧。为此，公共艺术将继续体现大众化、个性化、娱乐化和商业化等特征，变得更加开放、更加多样。相较于永久性的公共艺术，临时性公共艺术更符合当下人们的多元审美需求，能更及时地表明和揭示公共议题，这将充分体现在上海城市公共艺术的实践中。

公共参与意识的加强表现为公众积极、主动地参与社会事务，而公共参与意识的养成正是促进公共议题产生的前提，也是公共艺术回归公众的首要条件。上海浦东新区陆家嘴街道是一座引人瞩目的金融城，也是一个具有浓厚人文气息的生活居住区，随着金融业的兴起和人才的集聚，街道呈现出组织形态的多元化、社会诉求的多样性、思想意识多变的特征。为了拓展公共服务项目和公共活动空间，推动资源的集约利用和优势互补；为了更好地加强利益整合和价值引领，满足不同阶层的相异的利益诉求，实现相互尊重、平等对话，浦东新区陆家嘴街道党工委以"服务金融中心、建设共同家园"为目标，自2015年起启动以"金色纽带"区域化党建工作，在居民区楼组、开发区楼宇中开展"两楼联动、两头延伸"活动，旨在打破条块分割、封闭运行的局面，探索形成党组织领导下政府、社会、市场以及居民群众等多元主体共同参与的社会治理模式。比如，以"陆家嘴公益城"为平台，推出了"慈善登高赛""午间公益一小时""民生民心公益助学""地铁志愿服务"等17个公益项目，200余家单位、3 000多名党员参与，逾万名居民和白领受益。

公共艺术要反映的是公众的共同需求，而不是某一部分人的专属权利。公共艺术不仅仅是少数艺术专业者的事，一般民众也可以是创作者。"多元社会治理模式"将会成为今后社会治理最主要的模式，这也是培养市民的公共意识与公共参与意愿的有效途径。在这样的社会环境中，公众将更主动地投身于社会实践中，公共议题将得到彰显，公众将有更多机会参与到城市文化建设中，公众不再以看客的身份参与文化艺术活动，而以实践者的身份，成为艺术作品的构思者和创作者。

二、艺术家公共意识的觉醒

近几年来，公共意识在当代艺术作品中的渗透愈加明显，几乎每件作品都期望能有更多的观赏者，这和中国当代实验艺术家希望得到社会的认同分不开。毫不夸张地说，中国当代艺术的公共意识是当代精神的重要组成部分。越来越多的当代艺术作品走向开放的空间、走进群众，甚至成为公共景观的一部分。一些当代艺术家也承担起社会责任，投身到公共艺术创作中，使得一些当代艺术作品无论在主题、形式、展示空间以及观众的数量上都具备了相当的"公共性"特质。

改革开放以来，中国经济迅猛发展，城市化带来的是周围生活空间的巨大变化。日新月异的建筑物、日渐变化的人口以及扩展到周围一切的变化更容易被艺术家所捕获。无论是物质环境还是精神环境的变化一直是很多当代艺术家追求的话题，艺术家也产生了许多新观念、新思想。

一方面，当代实验艺术家认识到自己的思想可以通过作品得到传播，得到社会的认同，从而实现作品的价值。另一方面，公众普遍关心的问题也可以被艺术家捕捉到，经过特有的艺术加工，转变为有意味的艺术作品。这些作品能轻易地融入大众的生活，少了几分怪异和孤傲，多了不少融洽和亲近。大部分作品依然是前卫的，但是公众依然渴望与艺术家交流、对话，在全新的审美层面理解具有前卫、新潮、实验性质的中国当代艺术作品。

中国当代艺术家坚持的前卫、新潮、实验理念并不妨碍与社会公众的交流、对话，无论如何对话、交流，都比对立、疏离更有利于中国当代艺术的繁荣发展。这些由当代精神、当代思维、公共意识和当代艺术家的个人感悟共同浇铸而成的作品依旧用富有创意的当代形式和当代表现手法带给人们惊喜，让人们更加深刻地认识和感悟世界，同时也在潜移默化地满足着人们的审美需求并提升普通大众的审美水平[1]。

倘若说实验艺术更多的是先锋艺术家在美术馆、博物馆中进行的一些前卫尝试，那么当实验艺术走进城市，成为公众触手可及或亲身参与创作的公共艺术作品时，这种实验就已成为一种为公众所接受的经典。在上海，2007年开始的"上海浦江华侨城公共艺术计划"，2011年开始的"兼容的盒子"，2012年的"再造景——三林公共艺术展"等诸多实践，都是当代艺术家将实验艺术引入上海城市公共空间与人们日常生活中的典型案例。

当代艺术家的公共意识不断觉醒将拓展人们对于公共艺术的认知，公共艺术的实现方式将更具实验性、趣味性和多样化，公众参与艺术欣赏、创作的热情也将得到更进一步的激发。

---

[1] 何小青.公共艺术发展路径的向度分析[D].上海：上海大学博士学位论文，2011：120—121.

《对视》No.6 林天苗 浦江华侨城

第四节　技术革新与全球化时代的信息自由传递

一、数字技术应用融合的深化

由智能化与信息化为核心的新一轮的工业革命已经开始，进而形成一个高度灵活、人性化、数字化的产品与服务模式。英国《金融时报》记者彼得·马什在2013年发表了一本新作《新工业革命》，该书以论述增长的机器为切入点，分析了现代科技的力量、制造业的未来、利基制造业状况、未来工厂形态，阐释了新工业革命的概念和新工业革命的亮点，探讨了制造业中人的作用和制造业未来的重心。无独有偶，2016年，世界经济论坛主席、联合国发展规划委员会副主席、德裔瑞士籍的克劳斯·施瓦布教授出版了《第四次工业革命》一书，指出"第四次工业革命"已经来临。2016年9月，二十国集团领导人杭州峰会发布了《二十国集团创新增长蓝图》也认为，一系列全新的先进技术如机器人、人工智能、3D打印、云计算、纳米技术、生物技术等取得重大进展，这些技术正深刻地改变制造方式和商业模式，这种环境下，政府、企业、员工等各方，要识别和应对这些挑战，利用机遇，将新工业革命带来的社会成本降至最低[1]。尽管"第四次工业革命"被认为已经到来，但这并不意味着对已有科技成果的推翻或颠覆，相反，是一种延续与融会，克劳斯·施瓦布指出第四次工业革命是将"数字技术、物理技术、生物技术的有机融合"。

---

[1] 李金华.第四次工业革命的兴起与中国的行动选择[J].新疆师范大学学报（哲学社会科学版），2018（3）.

第四章 影响上海城市公共艺术发展趋势的因素

艺术从来都必须通过技术媒介得以表现，科技的进步在推动社会生产力发展的同时，也为文艺发展提供了必要的物质技术支持，产生全新的艺术体验。最为人们津津乐道的例子便要数光学和色彩学的研究成果被应用于绘画中，因而打开了印象派绘画的大门。自现代艺术以来，造型艺术从形式、材料、造型的构成等方面已取得了非凡的成果，其中的一个重要因素就是造型材料的改变和新技术的运用。进入信息时代，计算能力的飞速发展、网络的成长和数据传输技术的发明，凡此种种叠加在一起为艺术的发展提供了技术方面的原动力。数字技术的运用使艺术作品存在的方式不再是绘画、雕塑、书法作品等作为物的存在形态，而是由"1"和"0"所构成的信息编码，人工智能、大数据、VR（虚拟现实）、AR（增强现实）等数字技术在艺术领域实现了全方位的渗透，艺术创作呈现出全新的面貌。数字化技术的进步，计算机艺术、多媒体艺术和网络艺术已相继出现并发展起来，艺术的存在形态和传播方式发生了重大变化。新媒体艺术的成熟，令数字艺术用于城市公共空间成为一种可能。相对于传统静态的公共艺术，新媒体介入公共艺术后，使公共艺术作品呈现出动态化的特点，由此产生高度的"临场感"和强烈的"互动性"，令人们更愿意主动参与公共艺术体验。结合数字技术的公共艺术的这种优势已在上海城市公共艺术的实践中有所体现。

"第四次工业革命"带来的是科技成果的融会，今后，数字技术将不断革新，并与其他技术融合。艺术与科技的结合将会越发密切，艺术家的艺术创作手段将会更加多样，为上海城市公共艺术的发展创造无限可能。与此同时，数字技术的发展正不断改变人们的欣赏习惯和审美方式。互联网的繁荣，让人们可以轻而易举地获取海量信息。在符合当下人们的审美需求，让公众能提起对公共艺术的参与兴趣，产生情感上的共鸣方面，具有时效性和时代性的临时性公共艺术将愈发凸显其功能。临时性公共艺术会成为今后上海城市公共艺术的重要组成部分。

然而，人总是恋旧的，总是爱反思，当一场革命、一次运动、一个革新带来某种颠覆时，当大部分人陶醉于由这种颠覆带来的成果时，一些人会开始对其嗤之以鼻，反对、批判的声音便会此起彼伏，正是这一小部分人的执念又激发出新的颠覆。国外部分成功的公共艺术项目已经向我们证明，当高科技还被大部分艺术家把玩得不亦乐乎时，传统手工技艺在公共艺术的实践中却又一次次得到提倡。我们可以预见，当数字技术在上海城市公共艺术中被频频使用时，小部分的艺术家也会站出来呼吁传统、手作、工匠精神。

二、国外公共艺术的新动向

公共艺术丰富的公共性内涵始终体现在不同城市、社区的公共艺术实践之中，多元的区域空间中公共艺术被赋予相异的职责与期望。然而，生活在全球化时代中，国家与国家、城市与城市、社区与社区、人与人之间绝对的闭门造车或单一的崇拜、学习已几乎不再可能，每一秒钟全球最新的艺术资讯都能通过互联网进行快速的传递。在频繁的交流与互动中，世界各国的公共艺术发展动向呈现出如下的特点：公共艺术正从单方面的景观营造职责中抽身出来，不再仅仅为了美化环境而存在，公共艺术与社区的结合日渐紧密，公共艺术成为提升城市价值的有效策略。此外，对临场感和互动性的重视与追求，促使公共艺术创作在材料和技术的选择上不断突破、革新，环保理念在公共艺术实践中的地位不断凸显。

海纳百川、兼容并蓄是上海最鲜明的特征，《上海市城市总体规划（2016—2040）》（草案）也已提出了迈向"卓越的全球城市"的愿景，显然上海的城市文化将对全球产生影响，而作为世界这张巨大网络体系中的组织结点，世界各国的文化也会对上海的城市文化带来冲击。公共艺术与城市文化建构存在着密切的关系，为此身处这一时代的上海城市公共艺术的发展必定无法脱离全球语境，世界各国公共艺术发展的动向亦会影响到上海城市公共艺术的发展。结合上海城市公共艺术发展的近况，世界各国一些成功的公共艺术项目案例已经或正在影响着上海城市公共艺术的发展取向。

（一）公共艺术引导社区营造

20世纪60年代被认为是欧美公共艺术建设的高峰期，可以说是公共艺术充满争议的滥觞年代，在后现代的历史语境下，户外艺术的纪念性被削减了，取而代之的是各种题材、风格、样式的城市雕塑出现在城市公共空间之中。20世纪90年代开始，设置型的城市雕塑虽未退出人们的视野，但公共艺术越发强调公众的参与，临时性的艺术项目、社会参与艺术等真正使公众介入的新型公共艺术占据了公共艺术的半壁江山，公共艺术成为社区营造的一部分[1]。

1993年，"排屋项目"与位于美国休斯敦的Third Ward社区开始了合作，当时七位富有远见的非洲裔美国艺术家杰姆斯·贝蒂森、伯特·郎、杰西·洛特、里克·洛威、弗洛依德·纽瑟姆、伯特·桑普尔斯和乔治·史密斯认识到Third Ward社区的一处废弃霰弹枪房屋的真正潜力。那时，在其他人眼中，Third Ward被视为"贫困之地"的代名词，而这些艺术家却认为这一地方将成为积极的、富有创造性

---

[1] "社区营造"在英语世界中表述为community building或community development，是联合国自1951年开始在全球范围内推广的一项地区发展运动，旨在通过地方社区自身的力量促进社区协调与整合，从而为地区找到一条有效发展的道路。

和变革性体验的据点。因此，他们一起开始探索如何结合并开发社区资源，并试图使艺术成为社会转型的引擎。

约翰·比格斯博士和"排屋项目"创始人之一里克·洛威早年间就"盒式住房"丰富的历史以及象征意义展开过对话[1]，盒式住房连接了Third Ward的物理景观，也使"排屋项目"的概念有了雏形。创建者开始头脑风暴，如果一个项目包含22所房子，那将会是什么样子。考虑到这些房屋的象征意义和历史意义，自建立之初，"排屋项目"便尝试引导艺术家直接参与到周边学院以及低收入邻居之中，实践了基于地方民族语境的当代艺术。

"排屋项目"的公共艺术项目创立于1994年，公共艺术项目为艺术家在工作室以外探索新方法时提供了冒险和实践的机会。艺术家通过学习邻里的复杂历史，与Third Ward的居民联系、交流，在工作室和社区公共空间中创作出特定的装置。公共艺术项目包括了多种开展方式和资助模式：

艺术家局（Artist Rounds）是一个在每年三月和十月各开展一次的活动，每次活动持续约四个月。在这期间，有七幢排屋会向来访艺术家开放，供他们展示作品。无论是个体艺术家还是艺术团体都可申请。艺术家被要求在活动开展前的两周内布置展品，并在活动结束后的一周内将展品拆除。

驻地艺术家（Artist Residencies）项目包括两个子项目：一个是夏季工作室，另一个是2∶2∶2交换（2∶2∶2 Exchange）。夏季工作室为新进艺术家创造了供他们展示、参与和反映社区相关艺术作品的机会。该项目最初是为当地七所学院/大学的艺术系学生

---

[1] "盒式住房"起源于西非，通过奴隶贸易带到美国，首先是通过加勒比海到达新奥尔良，然后再到达美国各地。

开设的，这些学生由他们的老师提名，并由专业艺术家小组选出。2∶2∶2交换是一个新的提案，特点在于两位艺术家之间的交流。一位长居得克萨斯州休斯敦，一位久居伊利诺伊州芝加哥。通过住处的交换，"排屋项目"和海德公园艺术中心旨在给艺术家提供一个能够搜寻本地思维的方式，并创造出不同的艺术作品。

"排屋项目"和休斯敦大学艺术学院建立了一个先锋奖学金项目，激励社会实践、调研和完成社会参与艺术项目，并对改造社区产生影响的艺术家。这一奖学金项目邀请艺术家和文化从业人员到Third Ward与城市规划师、教育工作者和政策制定者一起工作。他们将从事与Third Ward社区有关的创造性合作。

邻里表演（Performing the Neighborhood）是"排屋项目"和休斯敦大学的辛西娅·伍兹米切尔艺术中心已经推出了五年的合作，举行以表演为主的艺术形式，邀请当代艺术家依托"排屋项目"进行表演。艺术家们利用社区以及社区和学校之间的重要空间进行演出。从2016年开始，被选中的艺术家都会在"逆流节"期间进行表演。参加的艺术家包括贾森·莫兰、凯文·比斯利、奥克维·奥波瓦西里等。

项目/场地（Project/Site）是一个为"排屋项目"构思的全新的、基于佣金制的临时性公共艺术项目。此计划通过与探索邻里历史和文化的艺术家合作，同时将他们的实践扩展到工作室之外，进入街道，对Third Ward的景观进行连续发问。

2018年"排屋项目"推出了名为"什么是新的新闻"的项目。"什么是新的新闻"讲述了社区、艺术家、编剧和文学家的重要性。它打断了日复一日的生活，要求社区居民重新思考事物，体悟艺术和信息如何参与日常生活。报纸架被转变为公共艺术，并被置于社区内重要且有价值的位置。向公众展示的信息采用文章、实验性写作、饶舌和诗歌等形式。

理想基金（The Idea Fund）向艺术家提供三种额度的现金奖励：火花（1 000美元）、催化剂（4 000美元）和刺激（7 000美元）。赞助的主要项目要求体现非常规的、干涉主义的、概念的、创业的、参与的，或游击艺术实践。资金支持来自休斯敦地铁区的个人艺术家、策展人、集体、合作伙伴等。

"排屋项目"为艺术家提供了廉价的工作室，这一做法促使艺术家和他们的艺术创作围绕社区开展。该项目虽然只是美国广阔地域上诸多当代公共艺术实践中的一个案例，但却是诸多案例中较为成功和典型的。凭借多样化的艺术活动，既有临时性的艺术节，又有长期的艺术家驻地计划和穿插其中的各类项目，加之广泛的合作、交流机制，适当规模的补助计划等，活化了原本岌岌可危的社区，不但保留了原有的建筑样貌，同时也令当地居民、当地艺术家有了进行艺术体验和创作的空间，营造出了良好的人文环境，潜移默化中影响着人们的心性和精神生活，甚至对解决种族歧视问题也大有益处。

"排屋项目"从1993年开展至今已持续了20余年，并且每年除了常设的活动外，还会定期进行活动的更替与增加。在长年累月不间断的运营下，社区居民才能真正因此得到成长，这成为解决社区问题的一种良策。"排屋项目"之所以可以持续运营至今，其背后的动力来源于三方面：

一是经济基础坚实。艺术是一种意识形态，属上层建筑的一部分。推动艺术发展的因素很多，但最主要、最根本的还是经济的发展。只有当经济发展到一定程度才会带来文化的繁荣。显然，无论是"排屋项目"，还是"公共艺术百分比项目"在美国各大城市的推进，其通过筹集社会资金用于公共空间的艺术建设的方式，是其得以可持续发展的基础。如果社会资金有限,则城市建设只能以满足功能需求为先。

二是社会基础良好。公共艺术置身于公共空间中,供公众享受,而公众对于公共艺术的认知和认可程度,对公共艺术项目的持续推进极其重要。面向公众的终身美学教育为推进公共艺术创造了良好的社会基础。

三是艺术资源基础丰富。艺术设计是公共艺术建设成败的关键。各种类型的公共艺术项目的持续推广,需要大量的公共艺术设计方案。艺术创作与建筑工程设计的不同之处在于需要由具备一定文化修养和创造能力的艺术家担任创作主体,即便是在以公众参与创作的公共艺术计划或项目中,艺术家仍起着引导、把控大局的重任。

随着社区营造在上海城市转型时期的价值不断凸显,同时国外诸多成功的案例都已向我们证明了公共艺术在社区营造中的重要性,为此,上海城市公共艺术将与社区营造碰撞出更多火花亦是趋势。

(二)公共艺术融入城市更新

文化对社会文明的贡献长期备受关注,近年来,从世界各大城市的发展来看,文化尤其是艺术实践活动在城市战略中的中心地位日益显见,各大城市的实践已充分证明了艺术、娱乐、文化遗产和创意产业的价值,它们令城市变得更有活力、更富经济竞争力。城市规划师逐渐认识到了文化对活化城市的重要性,现今世界上多数大城市在推行城市开发或更新时都会考虑艺术和文化的作用。

日本东京的六本木新城就是以城市更新为契机,以文化作为亮点的成功案例。六本木新城位于地铁日比谷线六本木站西南,占地约11公顷,总建筑面积约为76万平方米,是日本国内由民间企业承担的最大规模的城区改建工程。六本木新城是商业云集之地,其基本开

《消失在雨中的椅子》 吉冈德仁

发理念是打造一座属于21世纪的城市。1995年4月,根据《城市计划》,决定将该区域作为一类城市再开发项目进行开发,正式启动施工则是在2000年。

六本木新城以"艺术智慧之城(Artelligent City)"作为口号:结合了Art(艺术)和Intelligent(智慧),宣称此地为艺术、文化和知识性活动的场合。六本木新城的公共区域设有9件公共艺术作品,皆出自日本和国外的大师之手,其中6件由森美术馆管理,朝日电视台总部大楼设计师槙文彦亲自挑选了3件作品。最主要的公共艺术作品通常是放在六本木新城最繁荣的商业空间,增加了商店的文化气息,让人感到在其中购物是一项高品位的活动。在主干道榉树坂大道沿线,13位日本国内及海外的设计师携手创作了13件"城市家具",欲构筑全世界第一个"街景"计划。其中,日比野克彦的《如此大的石头来自何处?这条河流将流去何方?我将去往何处?》、

第四章 影响上海城市公共艺术发展趋势的因素

Maman　路易斯·伯格尔斯　　　　Maman 局部　路易斯·伯格尔斯

内田繁的《除了爱我什么都不能给你》、吉冈德仁的《消失在雨中的椅子》等皆为坐具，让人们在逛街之余可以休息、停留、摄影。路易斯·伯格尔斯的 Maman 也很有特色。

开业至今，超过200家餐厅和店铺以及世界顶级的酒店已入驻六本木新城。同时，原来已残旧的市中心区域由此而活化起来，一跃成为人们的聚集之地。六本木新城中还开设了森美术馆、森艺术中心画廊，定期举办各种展览，还联动周边的国立新美术馆和三得利美术馆组成了"艺术金三角"，大大提升了该区域的整体文化氛围。

若从地产发展角度去诠释城市文化、艺术策略，人们会马上明白通过文化包装，加上街道艺术作品在城市各类空间的适当放置，可使城中残旧的建筑能重新被吸纳至地产投资项目里面，同时更会提高新开发区域的价值，于是，同区新建的住宅或商业大楼也因这些文化卖点而获得更大的出售价值。地方的知名度因此打响，吸引了国内外各类公司、民间企业和精英的入驻。一个城市拥有文化活动，会吸引新公司到该城市来定址。

将公共艺术作为提升城市形象、创造良好人文环境的一种城市更新策略，近年来在静安寺、徐家汇、人民广场、陆家嘴等商圈中正在兴起，如静安雕塑公园、陆家嘴地区的大型雕塑等。当下，上海经历了快速城市化发展之后，粗放式的土地利用模式已到瓶颈，城市规划逐渐转向对存量空间的更新利用上。结合这一背景，艺术介入上海城市更新项目的做法将持续升温。上海正在开展的类似项目还有"浦东城市规划和公共艺术中心新建工程""陆家嘴滨江金融城公共艺术甄选"等。

（三）动态化公共艺术频现

由于科学技术的发展，加之人们需求的多样化，动态化的公共艺术作品频繁出现在世界各大城市的公共艺术项目中。乔米·普兰萨是一位西班牙艺术家，由他创作的新媒体艺术作品《皇冠喷泉》位于2004年7月开幕的美国芝加哥的千禧公园内，该作品由两座超过15.25米高的视频高塔组成，以巨型的LED屏为立面进行显示。艺术家采集了不同肤色、不同年龄的1 000位芝加哥市民的脸部影像资料，以每小时6张的速度播放，这些市民脸上的表情缓慢发生着变动，口中还会不时吐出水柱。由于人类天生的亲水性，这件作品备受孩子们的喜爱，每当水柱喷射时，孩子们都会围聚在一起，乐成一团。作品将艺术家和公众之间的壁垒彻底打破，与公众之间形成了良好的互动。

位于东京Caretta汐留的由蔡国强创作的《海龟喷泉》大型装置作品和乔米·普兰萨的《皇冠喷泉》在外形上尽管相去甚远，但相似之处是同样也以定时的喷水装置作为最大亮点。《海龟喷泉》受到广泛关注，同样也备受孩子们的喜爱。该作品设置在商场地下二层的下沉式广场中央，下沉式广场连接了大楼主入口以及地铁大江户线汐留站的入口，是人们往来地铁站和商场的必经之处。整件作品呈一个龟背形状，由一块巨大的天然石头制成。喷泉在每天上午10点至晚上10点间，每隔1小时喷发1次，时长20分钟，喷发时会溅出大量水汽，并发出巨大的声响。结合设置位置的优势，这件作品周围经常有人群聚集，小孩子更是在"龟背"上欢呼雀跃。为了避免水汽突然喷发造成周围人群不必要的惊吓，每次喷发前广播都会用不同国家的语言作播报，进行安全提示。大型的龟背造型可以让知道汐留历史的人们联想到其曾经作为东京湾内海的地缘历史，显示了该地区的特色。装置所发出的声音与雾气、广播的提示、人们的议论与惊讶声相互交错，使原本沉寂的空间一时间充满活力与生机。

《海龟喷泉》 蔡国强

不同于以往对艺术作品的单纯欣赏，通过视觉、听觉、触觉甚至嗅觉等不同的感知系统亲身参与并共同构成的综合性行为，是这类动态公共艺术最大的特点和优势，正是这种行为构成了公共艺术实践的重要部分。这类公共艺术频繁现身于世界各大城市的公园、广场等公共场所中，带来了十分热烈的反响，这也引起了上海城市公共艺术的创作者、设置决策者的关注。

（四）结合环保理念的公共艺术

1987年，以挪威首相布伦特兰夫人为主席的联合国世界环境与发展委员会在向联合国提交的报告《我们共同的未来》中明确提出了可持续发展的概念，并将"可持续发展"定义为"既能满足当代人的需要，又对后代人满足其需求能力不构成危害的发展"。20世纪80年代以来，可持续发展的概念被广泛传播和提倡。人们在关注城市经济增长的同时，对城市的生态环境和社会发展的可持续性问题越发重视。不同领域的思想家和活跃分子在面对每况愈下的自然环境时，对生态话题显现出日益关注之势，并且形成了一系列不断进化的观点，诸如社会生态学、女性生态主义、环境保护主义和环境伦理学等。环保主义者开始呼吁将大自然的杰作——光合作用、可循环性、自我组合、物竞天择和自我生产运用到人类世界中，倡议效仿自然的生态系统来塑造可持续的人类社区的呼声此起彼伏。此后，结合环保理念的公共艺术实践不断增加。

2001年，身兼摄影师与设计师角色的大卫·巴克兰开始启动"费尔韦尔角项目"，通过外界的赞助与捐赠，邀请艺术家、科学家和教育界人士等，一起搭乘破冰船进入北极圈，希望结合不同领域的专业所长共同呼吁公众对全球气候变化进行关注，并保护生存环境。从2003年第一次出航开始，已有100多位出色的艺术家参与到"费尔韦尔角项目"中，并创作出了直接或间接反映气候变化问题的作品。曾于2005年参加旅程的瑞秋·怀特瑞德在归来后，于泰特现代美术馆创作了由数千个白色盒子集合而成的《筑堤》，在视觉上部分表现北极凹地的景象；在文字意义上，也暗指了费尔韦尔角是

"伟大的堤坝"。

法国植物学家帕特里克·布兰克在1988年创作了"绿色垂直景观墙",他意识到尽管人们已将地平线上的空间悉数占据,但垂直空间还取之不尽,蕨类和藓类覆盖在建筑之上便能以人们意想不到的方式重建自然。布兰克在创作垂直景观之前制订了大量的详尽计划。根据植物的生长方式和生根模式,对它们的种类和分布进行对照,将那些在相似湿度和温度条件下生存下来的植物分成一组。只要不出现永久性缺水的情况,植物就可以在几乎没有土的垂直表面生长,以此避免因植物的根生至墙内而造成墙壁的损坏。垂直花园由金属框架、聚氯乙烯层和附加油毡层三部分构成。植物的幼苗被固定在特制的油毡层围成的小网格里,它们会在那里生根生长。在最上端装上管网,这样水和含有植物生长所必须的融解矿物质的培养液就可以渗进油毡层。植物吸收了所需要的营养,多余的水就会流到墙壁底端的排水沟里,再被重新注入网管里。这样一个闭路循环过程充分利用了资源,并且因为没有土壤,这套植物生长系统的自重不会给建筑立面带来压力。在巴黎的凯布朗利博物馆的"绿墙"创作中,布兰克挑选了一系列的来自世界温带地区的植物物种,有北美的、欧洲的、喜马拉雅山脉的及中国的、日本的、智利的和南非的。在这个垂直花园中展示的生物多样性呼应了在这个博物馆中展出的艺术家作品的文化多样性。

克罗地亚西部的扎达尔是一座历史名城。该市曾在第二次世界大战期间饱受战争的摧残,一度面目全非,当地政府始终坚持不懈地通过各种设计、规划希望改善城市的面貌。2005年,作为海岸改造工程一部分的"海风琴项目"建设完工,总设计师尼古拉·贝斯克是克罗地亚本土建筑师,他成功打造了一个兼具美观与实用为一体的巨型"海风琴"。之所以称为"海风琴",是因为海岸改造项目阶梯大平台的下方设置了一个常见于教堂的管风琴装置。此装置能借由波浪的冲击下产生出极具克罗地亚地方特色的达尔马提亚歌曲。管风琴装置声音遵循七音十二律，共分为七个十米长的截面，石头阶梯下埋着大小不一的聚乙烯管。空气被海浪推进这些管子里，在管子下面加速产生共鸣，由此发出声响。因为海的能量无法预测，并且随着潮起潮落以及海浪大小、方向的变化，"海风琴"的音乐也会随之发生变化，永无止境地演奏，使绿色环保理念深入人心。在《海风琴》旁边有一个大型圆盘状的装置，同样是建筑师尼古拉·贝斯克的作品，名为《问候太阳》，其直径达22米，由300个太阳能板拼成，白天吸收阳光，晚上放射出彩色的霓虹灯光芒。太阳能模块吸收太阳的能量然后将其转化成电能，在点亮《问候太阳》这个装置的同时也点亮了整个沙滩，大大节约了使用成本。

3XN建筑师事务所是丹麦著名的建筑设计事务所，2007年，3XN内部成立了名为GXN的设计研发团队，并通过数字化设计方法和创新的材料策略来研究生态设计。2009年，应路易斯安那现代艺术博物馆邀请，3XN创作了一件可生物降解的、再生能源材料的临时装置。这件作品并没有使用聚乙烯、复合纤维等材料，而采用了具有可回收性的复合材料。其外层采用了由亚麻纤维构成的生物复合材料，内层则运用了软木片。装置顶部铺设了1毫米的太阳能电池，在接收到参观者在地面上施加的压力后，压电材料便会生成相应强度的电流，这些能量直接用于内置LED灯的照明。装置还具备两种自洁功能，可以利用雨水有效清除表面的灰尘与污物。

随着环境保护意识在上海城市建设中日渐加强，公共艺术的发展也将与生态宜居城市的构建紧密相连，公共艺术的发展不以破坏自然生态环境为代价，反而可以使人在城市中与"人造自然"共生，通过公共艺术呼吁人们关注自然、保护环境，让人们关注到环境退化问题的同时，尝试改变人们思考自然的方式。

第五章
发展趋势视野下上海城市公共艺术的完善

上海城市公共艺术在经历了长期的发展之后,已初具规模,尤其是城市雕塑领域,近年来在数量上一直有着可观的增长。公共艺术的实践方式不断得到拓展,公众的参与意识持续觉醒,凡此种种都是上海城市公共艺术方兴未艾的有力佐证。然而,为了实现上海城市公共艺术的永续发展,我们需要努力完善的地方还有很多。公共艺术作为公共产品,政府承担着推进公共艺术发展的责任。从公共艺术的受众角度考虑,提高全民的文化能力乃是当务之急。与此同时,要为公共艺术家的发展创造良好的条件和环境,采取合理的公共艺术策划模式并加强与国内外的交流、互动,共同助力上海城市公共艺术发展,使上海城市公共艺术的发展适应我国经济社会的需要。

第一节 提高上海市民的文化能力

一、实现更广泛的文化民主化

公共艺术以"人"为价值基础,公共艺术的存在和发展是为了服务公众,然而,如果公众无法理解艺术,不具备良好的艺术品位,那么公共艺术的价值便无法实现，真正的公众参与也便无从说起。为此，公共艺术的永续发展离不开公众文化水平的整体提升。身处上海，不难察觉当下上海的公共文化设施、活动和服务的普及率正在逐渐提高，公众的参与热情相较以往也有了很大的提升，但是，这种相对普遍的现象主要还是集中在城市中心地区，在乡村地区则非常有限。

为此，文化需要更广泛地实现民主化，这意味着要确保一个城市的所有居民都可以接触并使用文化宝藏。如此，才能使生活在城市各个角落的人们都能真正主动地参与艺术，推动公共艺术正向发展。"文化民主化"意味着被精英阶层定义为优质文化的产品和服务，从都市、从那些受过良好教育和文化熏陶的少数群体，向乡村、边缘地区散播，其民主化体现为无论身份地位、受教育程度、居住何处，所有人都可以平等地接触文化和艺术。法国文化部将"文化民主化"视为政府的权责，群众参与文化活动的人数被视为评估文化政策的一项重要指标。

上海的许多大型博物馆和美术馆都可以免费入场，或者仅收取少量费用，但要让所有市民都参与进来的目标仍未实现。我们看到，世界各大城市都在努力尝试通过各种途径来实现文化民主化。在纽约，市政府正在持续推行一种综合战略，对文化设施的现有分布作审慎的考核、鉴定，并解决文化设施的空间不均衡性的问题，以及不同种族和不同收入人群之间对文化设施的使用权差异问题。在首尔，"首尔艺术空间"项目把九个废弃不用的前工业区变成了新颖的文化设施，旨在给难以接触到文化的居民和被边缘化的社区以展现自己的机会[1]。在东京，时任东京都知事的石原慎太郎在2002年提出

---

[1] 世界城市文化论坛政策简报3：2014阿姆斯特丹峰会.http://www.worldcitiescultureforum.com/assets/others/WCCF_Amsterdam_Summit_Policy_Briefing_Chinese.pdf.

了"天堂艺术家"一词。街头艺人成为街头一道靓丽的风景线，东京都政府以"天堂艺术家"的称号给予街头艺术家许可执照，这使持牌艺术家能够在各种公共和私人场地上进行表演。该项目将艺术家的活动空间定义为"街头剧场"，在那里，艺术和文化可以通过艺术家和观众之间的互动得到培养。"天堂艺术家"有两个目标：第一，为培养下一代艺术家创造适合的环境，为他们提供在公共设施内进行活动的场所；第二，建设"城市中的剧场"，使市民轻松地接触艺术，在与艺术的交流中获得艺术文化的熏陶[1]。

二、加强市民在文化领域的参与意识

世界各地政府越来越明白，市民的积极参与是成功地开发地区文化艺术项目的关键。想要公众更积极地参与地方文化艺术活动，进一步提升公众的参与意识，离不开政府将文化权力下放，接受、认可并切实贯彻公众的良好意见。尽管当下上海市民的文化参与意识和参与积极性呈现出整体高涨之势，但公众在文化领域的参与权、决策权仍较为有限。

在当代公共艺术发展过程中，理查德·塞拉的《倾斜的弧》一直被认为是行使公民权的典范，常为各界人士津津乐道。《倾斜的弧》是由美国政府部门在20世纪80年代资助的一件典型现代主义美学样式的户外雕塑作品。然而，现代主义美学往往是艰涩难懂的，带有鲜明的个人主义色彩，所以当这件作品出现在城市公共空间——纽约联邦广场中时，便引发了各种争议，反对声扑面而来，反对者

---

[1] 李艳丽.从东京的艺术文化政策看城市文化的"公共性"[A]//叶辛，蒯大申.上海文化发展报告（2008）[C].北京：社会科学文献出版社，2008：225.

以其会带来安全隐患、影响士气、妨碍巡视等原因，强烈要求政府将其移走。在经历了一番盛况空前的博弈后，最终政府部门于1989年依仗多数民意将其迁离。《倾斜的弧》事件从现代艺术层面上看，是一场艺术家与公众的美学战斗，是艺术创作自由和大众品味的角逐，但其反映在政治生活层面上则是民主参与制度的胜利。

这一结果损害了艺术家的利益，但在这场博弈的过程中，政府对事件的关注和重视程度足可证明公众的地位。这种由一件艺术作品而引发的社会效应，激发出的公共议题，正是公共艺术存在于城市公共空间中的核心价值所在。

公众在文化领域的参与权、决策权体现在文化政策制定过程中则是其话语权的多寡。韩国首尔市政府认识到要鼓励民众将其自身视为文化服务的对象，更是文化的创造者。首尔市政府有一项计划，着眼于市民提出并投票赞成的一系列文化项目。不论成效如何，这些自下而上的行动和让当地居民带头举办文化活动的工作着实不易。

让普通市民参与专业领域的抉择确实存在很大的风险，但通过开放的平台、无阻碍的信息传递，重视公众的意见和建议并进行合理化评议确是切实可行的，当公众在文化领域的被认同感和存在感越来越明显时，公众的参与意识和参与热情便会油然而生。

以下是一个民众参与公共艺术，进而改善社区生态的案例：

中国台湾地区宜兰市鄂王社区位于宜兰河东岸，古时"西门沟"为宜兰市西门重要的运输航线，民间聚落昌盛，重要庙宇环聚，各式传统商业市集、工匠众多，民间活动兴盛。但随着时代的变化，作为旧城区的鄂王社区因为宜兰市南门商圈的兴起而没落；老一辈的工匠在需求逐年降低下，失去了原有的人生舞台；不同的生活形态也影响着这些传统产业的生存，那些蕴藏着丰富手工经验、技艺的产业，逐渐失去需求而萧条；老匠师多不愿子孙继续跟着从事这种低报酬的辛苦工作，在老一辈逐渐离世后，珍贵的技艺因为无人传承而产生断层。出于对这种现象的担忧，当地社区发展协会极力希望使这些传统产业重新焕发活力，来构成社区的特色，并恢复社区的共同记忆，因此，以"西乡情艺"为题的社区艺术计划就此萌生。

该计划希望通过居民的协力，以传统工艺为艺术创作元素，结合当地的历史、人文景点与宜兰河风光，来成为社区再改造与振兴地方传统文化的对策。随着计划的展开，村民、志愿者、文史调查与艺术工作者，分头进行了文史资料的收集、记录当地老人的口述历史、社区传统产业记录观察，一层层地梳理出当地历史与产业的变迁历程。通过当地老人生活记忆的访谈整理，过去的城乡样貌逐渐在当代居民的脑中清晰化。以曾经的"水路交通"和"产业"与城市的供需关系作为这项艺术计划的主基调。散布于村落中的艺术景点，联结着社区环境中的传统产业地点、人文据点，与邻近的宜兰河自然景观，形成了一幅生动的人文地图；新的村落环境，无论对于当地居民或来自外地的游客来说，都激发出无限的可能性。[1]

许多参与其中的居民，对于社区的观念发生了更深层的转变，原本看着艺术家进行创作的居民，会随着各种状况的发生，帮忙搬运材料、提供茶水饮食，甚至参与创作。提供经验与昔日生活记忆的老人们，看见了现代手工艺人遭遇技艺上的困难，也会在一旁指导与协助修正。为了回顾过去，大人与孩子齐力收集文献、贡献出家里珍藏的老照片，同心协力地逐步完成一处处的艺术空间，所呈现出的并非"台上主角"与"台下观众"的对应关系，而是彼此间

---

[1] 林志铭.岛屿行旅：跟着公共艺术旅行[M].台北：唐山出版社，2013：125.

合二为一的互动。

在艺术计划的进行过程中,通过历史的回顾,新时代的人们感受到了整座老龄化社区的价值所在,并投身于恢复家乡传统工艺的实践中。老一辈的匠人也因为这样一段经历幻化出一重艺术家的身份,同时也成为社区的"说书人"。在艺术里诉说历史,在孩子心中成为传奇。艺术,成为活化社区、彰显当地价值最有力的媒介。

三、重视美学教育

2000年之后,上海的各大高校和美术院校中纷纷设立了"公共艺术"学科,并涉及本科、硕士和博士各阶段课程,"公共艺术"对于美术专业的学生而言已不再陌生。大型博物馆、美术馆和一些社会组织也努力尝试普及公共艺术,这也确实让公众对公共艺术的认知大有改观。社会力量的积极参与为公共艺术教育的普及产生助推力量。但长久以来,在基础教育的学习过程中,仍然缺乏适当的美学启发与美感教育。让公众知晓、理解、认同公共艺术,拓宽公共艺术接触渠道有赖于更广泛的艺术教育。

更广泛的艺术教育通常首先可以包括各类文化机构和组织的课程以及在学校的文化教育。这不只是在于培养未来的受众和艺术家,还有利于对青少年进行全方位的人格、社交和学术能力的培养。世界许多城市都在推行他们自己的文化战略,往往借力于与艺术工作者和教育工作者多有合作的组织,在基础教育阶段和社会教育中加大艺术教育。比如在新加坡,把艺术工作者引进学校、在多个学科中开展艺术实践活动的计划就有助于激发学生的创造力和表达能力。在洛杉矶,约有1 300所学校已签约参加"全民艺术"项目,这是当地艺术委员会和教育办之间的一个合作项目,得到了私营企业的支持，它还提供可提高文化教育水平的教学资源、教育辅导和器材。在日本，许多艺术项目是作为大学课程的一部分实施的，或作为由教授和学生领导的独立研究项目来落实，由他们与大学所在地区的艺术家、当地居民、公民团体和地方政府开展合作，使艺术项目在大学教育阶段担当起了多重角色。种种尝试与努力使大学及其教授和学生成为地方的"中心"，学生和当地居民在艺术实践中都取得了很大的收获，并为地区振兴和解决大都市以外的社区问题作出贡献。

现今上海的美术馆教育活动也尚有进一步提升的空间和必要性，在致力于美术教育的钱初熹教授看来，美术馆教育活动大致分为两种：一种是美术馆举办活动，老师带着学生来参加；另一种是老师每年可以跟美术馆提出需要什么样的教育活动，然后美术馆为学校策划教育活动。此外，在基础教育环节，艺术教育也并非仅是艺术老师的工作，更不能完全放任自流，推给社会，将不同科目老师综合起来，可以策划多元的艺术教育。

四、加大社区与艺术家的合作力度

上海的很多社区中都有向市民免费提供服务的社区图书馆、活动中心、美术馆等公共文化场所，在其中公开展示业余艺术爱好者的作品，并设置相关奖项，或是定期开展免费的艺术文化课程、讲座沙龙，邀请社区中有一定艺术基础的人士担任授课老师、助教等，这些文化艺术活动丰富了社区居民，尤其是老年人的业余生活，提升了普通市民的文化素养。但是，这些活动在各个社区都呈现出较为相同的样式，并且影响范围比较有限，尚未实现资源整合的最佳化。

让民众的文化生活真正繁荣兴盛起来，要求在正规艺术和教育机构之外，争取与艺术家、设计师和艺术社团合作，而这些艺术家、设计师和艺术社团对其城市所作的贡献，人们往往还未认识到，但却具有重大意义，艺术家、设计师和艺术社团是"社区营造"的核心力量。公共艺术介入社区公共空间的实践在上海日渐增多，"艺术让生活更美好——上海曹杨新村公共艺术创作实践""兼容的盒子""都市农园"等都已向我们展示了艺术家、设计师在社区营造中的突出贡献。然而这些项目大部分却因为种种原因没能形成常态化的运作模式，艺术家、艺术团体很少有机会长期与社区进行互动；一些临时性的、节庆活动的公共艺术项目的孵化、成熟则恰恰依赖于一个相对长期且固定的环境，需要经过长时间的积累才能从根本上改变社区的面貌，重振社区。"艺术家驻地计划"或是长期且定期举办的艺术节等都可算是艺术家和社区合作的一种方式。

哥伦比亚首都波哥大的涂鸦艺术家群体就是一个强有力的例证。由于街头涂鸦过去受到市政府的强力阻挠，多年以来都被视为社会问题，涂鸦艺术家和政府当局之间的关系曾变得剑拔弩张，直至采取了一种新方法，即与社区合作共同商讨管理街头涂鸦行为而不是惩罚之，该方法把街头涂鸦誉为一种当代艺术形式，拨与资金、辅以培训计划和橱窗展示活动。结果，波哥大成了一个公认的街头涂鸦艺术及与之相关联的街头艺术形式（如嘻哈音乐）的世界中心，吸引了来自整个拉丁美洲的艺术人士和游客。

临时性公共艺术在节庆活动中频繁出现，虽然这些活动本身举办时间有限，也未能或甚少留下什么实物，但有些城市如蒙特利尔 **Quartier des Spectacles** 区已证明，节庆活动有利于打造真正公用的空间，有利于提高一个地区的知名度、引来客流量和进行长期的经济活动。**Mural Festival** 是 2012 年在加拿大蒙特利尔开始的全球性街头艺术节，每一年的节日汇集了世界各地的街头艺术家、音乐人、创意人、艺术爱好者等，一同探索城市文化中最新和最令人好奇的议题。"S.joao 结构：街头派对装置"是由 FAHR 021.3 建筑工作室于 2013 年 6 月设计的一个临时性公共艺术项目，该设计的灵感来源于一个典型的葡萄牙街头派对——当地人称为"S.joao"。"S.joao"是欧洲最热闹的街头节日之一，波尔图人民用大蒜花或软塑料槌击打彼此，向施洗者圣约翰表示敬意。在节日期间，街道上都会装饰上大量色彩鲜艳的丝带和旗帜，绚丽的烟火在夜空整晚绽放。"S.joao 结构"通过悬挂有光泽的、反光的材料所制成的"气球"来重新诠释"S.joao"的节日氛围。项目开展期间，吸引了众多当地居民和游客的参与，营造出了一种轻松、自由的空间氛围。

第二节　提升上海城市公共艺术创作力

一、公共艺术家的成长

我们暂且将从事公共艺术作品创作的专业人士称为公共艺术家，与强调自我意志的艺术家不同，公共艺术家是服务于公众的艺术创作群体。公共艺术家在进行艺术创作及向公众传播艺术的过程中起到了重要的、原创的作用。公共艺术家对艺术的创作是独有的：没有艺术家就没有原创性工作。在过去，公共艺术家的艺术创作成果即被认为是公共艺术作品；而日后，公共艺术作品的创作主体既可能是公共艺术家，也可能是公众。但即便如此，公共艺术家仍旧是公共艺术得以变得优秀的基础。仔细审视上海的城市公共艺术，从中我们虽然可以看到很多国内艺术家的优秀作品，然而那些叫好又叫座的公共艺术作品出自国外艺术家之手比例较高。这就不得不让我们反思国内公共艺术家的成长状况，毕竟，公共艺术的永续发展离不开本土艺术家力量的壮大。扶持本土艺术家、艺术团体、艺术项目等，并且对于个体公共艺术家的赞助已经成为许多国家艺术政策的中心主旨，可以帮助公共艺术家更好地成长，创作出更多优秀的作品。支持艺术家的措施包括如下方面：

（1）对其全职地集中于艺术工作的直接资助；

（2）对特殊工作或工程制作的佣金；

（3）对研究、指导、旅行等特殊目的的经济赞助；

（4）支持公司雇佣艺术家；

（5）对表演和出版等工作的支持，例如允许艺术家将新的或现存的作品向公众发放；

（6）通过非艺术途径提供收入支持，例如通过社会福利系统，艺术家能够获得失业补助使其能够继续其艺术实践；

（7）对艺术的教育和训练的支持。[1]

除了政策上的扶持，公共艺术家有意识地、主动地进行自我提升也至关重要。有学者指出：艺术家在某种意义上可以说是公共意志的执行者，在很大程度上，艺术家创作公共艺术是在作"命题作文"，但这一过程绝对不是消极被动的，如果艺术家能从公众的合理性想法中获取灵感，加工创作，就会有很大可能创作出优秀作品，这比主观上闭门造车要强得多。这一点显然在以城市雕塑为主要形态的公共艺术实践中并未被很好地重视与强调，"为了艺术而艺术的艺术"常常让公众感到与场所环境毫无关系，无趣、陌生、不明其意。马钦忠指出："公共艺术家必须具备三个方面的创作与适应的专

---

[1] 戴维·索罗斯比.文化政策经济学[M].易昕，译.大连：东北财经大学出版社，2013：88—89.

业素质：

第一，对环境空间的感受力与创造力。我们总是说某某作品缺少空间感。什么叫空间感？就是作品树立在环境中与环境与观赏者对话的能力。就环境的关系来说，作品与植物环境、与场所环境、与相关的视线内的空间物体的形体产生对话；就观赏者来说，作品让观看者打开想象力的翅膀，调动他的激情，让他的视觉触须在作品的块面与肌理之间找到他的生命信息。

第二，对场所性质，对公共空间使用者的性质与诉求的认识与理解能力。公共艺术家的工作首先不同于其他纯艺术创作，就在于他的创作首先是公共性的，是开放空间之中所有人都会遭遇到的空间物体。因此，他们的工作面对公众是必然的。公共艺术家有责任也有义务必须为公共社会服务。场所的性质是基本的定义前提，公共的诉求是工作的基础，在这两个前提之下创作出恰如生长于此的作品，是公共艺术家的艺术才能的明证，也是对他们的智慧与能力的严峻挑战。每一个场所的创作都面临一次智慧与才能的洗礼。

第三，公共艺术家运用公共性与独特性的统一与融合的能力是进行公共艺术实践的社会基础。从社会学层面说，公共性可看成普遍接受与认同的价值预设；通俗一点叫做'喜闻乐见'，老生常谈就做不到这一点。这与博物馆艺术不同，它可以给极少数人观赏，一百年后群众读懂与否也没有关系。公共艺术不行，必须尽可能让更多人读懂。为什么？因为这是'公共的艺术'。但是'公共的艺术'不是'大众的艺术'，它还必须是经典的文化精神。"[1]

我们认为，除上述三点以外，当公共艺术越发强调公众参与、共同创造之时，公共艺术家还应具备强大的社交能力以及具有强烈

---

[1] 马钦忠.公共艺术基本理论[M].天津：天津大学出版社，2008：247—248.

的公共意识和人文情怀，是生活的参与者和创造者。现代公共艺术的实践并非艺术家独自闭门造车，而是要尽可能让公众一同参与艺术创作，为此，如果公共艺术家不懂得、不擅长或不愿意与普通市民进行沟通，又如果公共艺术家在心态上依旧高高在上，在行为上独断独行，那在实行公共艺术计划之初就垒砌了一道无形的屏障。由于缺少沟通，"共同创造"就很难实现，因为对于扮演独角戏的艺术家行为，公众不敢也无法介入其中，甚至会产生厌烦和抵触情绪。所以，公共艺术家既要是一位很好的"聆听者"，同时也要是一位优秀的"演说家"。合格的公共艺术家的语言应有亲和力、感染力、说服力和接纳力，他们的艺术要融入生活之中，这样才能弥合艺术家和公众之间的心理隔阂，有助于输出观点。在与公众的交谈、对话中方能了解到地方的历史、文化、风土人情，一来二去间，艺术家将他们的主观观点引入人们的生活和思维方式中，激发出新的公共议题，启发公众的艺术创造能力，促使具有"地方性"的公共艺术作品的诞生。

公共艺术的实践需要专门的知识和工艺技术作为实现的手段，通常涉及雕塑、壁画、版画等多种艺术领域，更进一步，论及公共环境美学，则需要扩展到建设工程与城乡发展等知识领域。公共艺术的概念，固然可以被归纳在艺术教育的范畴，但并非提供纯粹的美学鉴赏能力，或练就卓绝的艺术表现能力和技巧，而应触及文化学、社会学等人文领域。

二、公共艺术策划模式的构建

随着大型雕塑展览、雕塑公园、艺术节等公共艺术项目、活动的频繁开展，原本单一的雕塑设置模式被打破，公共艺术的实践不再仅是"甲方",即政府、企业等公共艺术作品的出资方和"乙方"艺术家之间的"交易关系"。当多件艺术作品同时出现在一个特定的场所时,就需要有一个新的角色来统筹、协调多样且复杂的人事关系,以此兼顾政府、企业、艺术家、公众、场所、地域、建成环境等,各个方面的复杂性叠加在一起,使得公共艺术策划人应运而生。

公共艺术策划人既可以是个人,也可以是团体。与一般策划展览不同,大型雕塑展览、雕塑公园、艺术节等公共艺术策划不仅需要投入庞大的经费用于公共艺术作品的购买、设置、管理和维护等;还需要确定在何种空间设置什么类型、什么材质的艺术作品,方可满足公众的需求,发挥公共艺术的价值;又要涉及众多的当事人,如艺术家、工程人员、维护人员等。所以,除了具有过硬的专业素养外,如何在合理运用经费的情况下,协调好如此复杂的关系,就成为考验公共艺术项目策划人的最大难题,策划人的能力高低成为这类公共艺术项目成败之关键。

合理的公共艺术策划模式是公共艺术项目得以成功实现的前提和关键,公共艺术策划人的选择并非一成不变。"公共艺术"作为一个专有名词虽非日本之原创,但公共艺术却在日本得到了较好的本土化实践,日本公共艺术策划模式的成败得失对上海城市公共艺术策划模式的完善具有一定的借鉴价值。此处,以日本的公共艺术策划人模式为例进行论述。

1. 评审委员会集体策划

20世纪70年代,为了解决丸之内旧东京都厅舍老旧、狭窄、分散等问题,时任东京都知事的铃木俊一强烈建议将东京都厅舍迁移至新宿。1985年9月,东京都议会通过了《东京都政府设置位置条例》并决定将新都厅舍设立在新宿副都心,同年10月举办"新都厅

第五章　发展趋势视野下上海城市公共艺术的完善

东京都厅雕塑广场

舍大楼设计比赛",次年4月丹下健三（结构设计为武腾清）的设计方案被选中，1988年4月起建造，1990年12月完工。东京都厅舍由第一本厅舍、第二本厅舍、都议会议事堂共3栋建筑构成，整体设计为后现代主义风格，借鉴了哥特式教堂的设计。

　　为了提升都厅的文化氛围，设计者在建筑企划阶段将公共艺术导入其中，并成立了艺术作品评选委员会，还提出将建设经费中的1%（约1 640万美元）用于都厅厅舍和下沉式广场等公共空间的艺术项目设置。该项目采取评审委员会集体策划的方式征选作品。评审委员会的成员来自不同的领域，由国立国际美术馆馆长三木多闻、昭和女子大学教授赤松大麓、读卖新闻社长小林与三次、服装设计师森英惠等12人组成，其中，半数以上并非美术专业者。评审成员赴欧美视察，参考了纽约、巴黎、罗马、阿姆斯特丹等地的公共艺术的甄选方式。确定的38件作品出自日本本土及海外34位艺术家之手，均是20世纪60年代起在雕塑展中获奖的作品，佐藤忠良、舟越保武、村井正诚都是日本艺术界的泰斗级人物。其中8件作品以公开征集方式产生后经委员会评审，剩余作品由委员会推荐选出，最后所有作品再通过委员会评审产生。这38件作品主要分为抽象和具象两种风格，既有壁画也有雕塑，分布在都民广场以及厅舍和都议会议事堂内外，除都民广场上的8件具象的人像雕塑外，其他皆为抽象作品。

2. 从比赛中公开征募公共艺术策划人

Faret——立川公共艺术被普遍认为是日本第一个真正意义上的现代公共艺术项目。立川市是东京的大型卫星城市之一，位于东京都多摩区境内。新的城市名"Faret"由意大利语"Fare（意为创造、新生）"和立（Tachikawa）的首字母"T"组成。项目由住宅·都市整备公团（东京支社）开发，建设包括办公楼、宾馆、大型百货公司、电影院、图书馆等生活设施。在整个工程竣工前的3年，也就是1991年，为了改变人们对立川的印象——将其从"军事基地"转变为"文化城市"，定位于城市文化，利用艺术来实现这一主题的构想便油然而生。该项目提供了高达1000万美元的经费，采用公开征募办法选出得奖人担任艺术策划。北川弗拉姆以其独特的构想成功当选这个项目的策划人。

由于该公共艺术计划并非在城市再开发项目之初已有所考虑，在建筑物开敞空间非常有限的前提下，只有有效利用步道、花坛和建筑物立面空间方可避免造成视觉和行动上的拥挤。所以，北川尤其强调将现有的公共设施，如井盖、车挡、长椅、通气孔等都与艺术作品相结合。他指出："公共艺术作品的设置必须反映城市的当代性，强调艺术实用化，进而创造一个充满奇特与新发现的城市，令人享受其中的喜悦。具体细化成以下几点：（1）将有负面形象的公共设施，如垃圾焚化炉予以美化。（2）将现有的公共设施，如地面、建筑墙壁、排换气孔、地下排水道盖、消防火栓、停车标识等有效利用，使其在实用之余也有艺术价值。（3）利用广告板隐藏混乱的都市内面。(4)美化建筑的各连接点,如进口处、窗户门槛、楼梯口。(5)利用艺术活化新旧建筑、建地边缘或有多种设施的死角。(6)将混乱不美观的汽车与自行车停放处,施以装扮成为可供人类冥思幻想的空间。(7)艺术应揽入肉眼无法见到的空间,如新闻广告媒体、语言、声音等。(8)节庆、艺术展览、烟火大会、集市能带给城市朝气和生命。推广教育性的活动,如维修保养、导览等是长期性保持'文化与文雅'主题的途径。"[1]

在选择艺术家时,北川本着如下诸项原则:

(1)国际化、种族多元化的取向,以反映未来都市的国际性;

(2)作品必须反映当代议题;

(3)作品反映个人文化背景者优先;

(4)艺术家已建立当代艺坛声誉者,或已参与重要联展者,或已在日本得到承认,或其作品已被美术馆收藏,或具有未来发展潜力者。

在整个项目的进程中,北川曾先后6次前往国外造访艺术家,说明项目构想并邀请艺术家前往立川考察环境,选择作品的设置场地,并在日本进行具体艺术作品的制作。住宅·都市整备公团给予了北川充分的行使权,这是使其能在两年内成功完成所有公共艺术工程的关键所在。北川在工作地点设立了一间工厂,并有技术人员的支持,一旦他们接受了艺术家选择的地点和构想后,便倾尽全力帮助艺术家解决材料、工艺、防火防震等方面的一切问题。最终,来自36个国家92位艺术家的109件作品被设置在了这个占地仅5.9公顷的小镇中,波普艺术、极少主义、超现实主义、写实主义和观念艺术作品交相辉映。

---

[1] 刘俐.日本公共艺术生态[M].吉林:吉林科学技术出版社,2002:50—51.

3. 建筑家指定策划人

新宿I-Land位于西新宿六丁目东区，与东京都厅新办公大楼隔街相望，是一块不规则的三角形用地，原为300多户的木结构住宅区，从20世纪70年代起打算重新开发，经过漫长的协商，80年代初东京住宅·都市整备公团（东京支社）才最终说服居民将土地出售给政府，原居民迁往他处，或留住该区新建住宅大厦，与整备公团共同投资。结果，28户原居民迁入新建住宅大厦，其余皆迁至他处。财产权由190个不同的公私单位共有，其中政府的自来水水利局为最大投资者。经规划、建设，最终于1995年竣工。区域内设有办公楼、住宅楼、专门学校、商场、广场等。

作为建筑工程负责人的六鹿正治在构思之初，便想到了公共艺术的设置，并邀请南条史生为新宿公共艺术的总策划人。这是在日本公共艺术史上的首次建筑师与艺术策展人联手的创举。"六鹿正治和南条史生首先为作品的评选制定了四个标准：(1)必须在国际艺坛享有盛名；(2)作品与建筑空间有关；(3)所有的作品必须表现统一观念；(4)作品应含乐观开朗的基调，国外的艺术家群中，知名度高的中坚辈；国内方面，参加过威尼斯双年展、文件展等国际展两次以上者，可为考虑对象。"[1]

之后，策划人南条史生便从挖掘该区域的历史和文化脉络着手，寻找创作主题。鉴于过去此地是民居，历史文化的背景相对薄弱，从建筑与空间的角度切入更具有可行性，为此，主题最终被定为"人类的爱与未来"。

该公共艺术项目总共耗资700万美元。身为艺术评论家的南条史生，从纯粹的美术视角去收集那些具有馆藏水准的、拥有个性的艺术

---

[1] 刘俐.日本公共艺术生态[M].吉林：吉林科学技术出版社，2002：55.

作品并加以系统性地安置。10位参与的艺术家来自日本和欧美，共创作了14件艺术作品，其中8位海外艺术家都是20世纪60年代以来最具威望和影响力的人物，包括罗伯特·印第安那、罗伊·里奇登斯坦、索尔·里维特、路齐亚诺·法布罗、吉里欧·帕欧里尼、吉赛帕·潘农、吉尔伯托·佐里欧、丹尼尔·布伦、西川胜人、长泽英俊。异国文化的介入，与本土文化的交织、共存，成为该项目想要表达的重点。

4. 邀请项目策划人

越后妻有是包括日本新潟县南部的十日町市和津南町在内的760平方公里的土地。约4 000年前的绳文时期已有人在当地居住，至今仍保留着国宝火焰型土器，农业和土地紧紧相连。深厚的历史文化，加上丰富多彩的河山而孕育出来的日本原始风景随四时气候而变化，产生代表着日本传统而自然融合的里山文化[1]。

但由于近几十年日本城市化进程的发展，人口由于教育和工作逐渐向城市转移，导致这里人口稀少、民宅空置、公共设施废弃、老龄化现象严重。20世纪90年代后期，当地政府为了从社区营造角度推动合并，新潟县就邀请策划人北川弗拉姆去越后妻有的一些村庄调研，之所以选择北川，不仅因为其已经策划了诸如Faret——立川这样成功的公共艺术项目，还因为其本人出生于新潟县高田市（现上越市），对当地的气候、环境有一定的了解。这便促成了2000年"越后妻有艺术祭"的开始，艺术祭鼓励艺术家进入社区，融合当地环境，由农村里的老人以及来自世界各国的年轻志愿者共同参与，创造出了近200件散落在村庄、田地、空屋、废弃的学校等处

---

[1] "里山"即在山区、丘陵之间，平整的可居住之地，是日本进行小规模农耕林地使用所发展出来的"地景"。最初，"里山"是指当地农业社区的林地管理。后来，"里山"的概念延伸为"当地农业社区所使用管理的完整地景"，包括农地、水田、草泽、池塘、溪流、竹林、森林等。

的充满当地风土人情的与大自然及社区共生的艺术作品。北川弗拉姆把大地艺术节称作"地域特定艺术"。

综上所述，采用评审委员会集体策划，不同学科背景的专家济济一堂，在对话中寻找共识，虽然每件艺术作品都有很高的水准，但作品与环境之间的关系却很难协调，抑或最终在相互妥协中使整个项目变得平庸无奇。从比赛中公开征募公共艺术策划人可以实现公平、公正，让更多的人对项目产生兴趣，并生发出相关的讨论，为项目制造出话题和看点，这是较为理想的策划模式，但具有高水准的评审委员和吸引力的比赛制度来确保优秀公共艺术策划人的参与乃是关键。建筑家指定策划人，这样的模式可以使公共艺术项目与建筑项目同时推进，所以作品与空间具有很好的相关性，避免了因后期植入而产生生搬硬套的感觉。将艺术设计融入建筑空间之中，与周遭环境和建筑本身同时进行设计，充分利用地面、墙面，使本身平淡无奇的空间充满节奏和韵律。但是因为高度集中的决策权，很难确保公共艺术策划人和建筑师不会将自己的主观意愿过多渗透于公共艺术作品的选择中。倘若是邀请具有一定知名度和影响力，并且对当地风土人情有一定了解的策划人负责项目策划，可以带来事半功倍的效果；但如若在由地方政府介入的情况下，在对策划人情况、能力尚未了解时，而仅凭其拥有的知名度和话题性以强势的行政命令限定策划人的选择，那么，这样的策划模式则会导致事倍功半的结果。

第三节　群策群力助推公共艺术的发展

一、"公共艺术百分比制度"

"公共艺术百分比制度"的设定令公共艺术的发展有了更切实的

第五章　发展趋势视野下上海城市公共艺术的完善

制度保障，可以令公众在日常生活中更频繁地与艺术接触。《上海市城市总体规划（2016—2040）》（草案）指出，要设立"公共艺术百分比制度"，使之成为官方常态性的文化政策。需要注意的：不能不对机构属性与公众接触艺术的程度加以重视，也不对环境与人之间的关系进行推敲。官方的公共艺术不能仅满足自身的价值需求，而在不具有实质意义的情况下，最终以非理性的、程式化的方式执行政策，使之成为一种不得不兑现的消极"买卖合约"，致使"艺术"与"公共"两者共存的本质意义模糊难寻。

虽然"公共艺术百分比制度"被认为是政府为公众提供的文化福利，但其资金来源往往需要借助于社会各界的力量。由于美国是最先实行"公共艺术百分比制度"的国家之一，各地区皆已形成了较为完备的公共艺术体制，故而，上海在落实"公共艺术百分比制度"时，可以参考美国各城市推行的制度：

20世纪60年代前后，美国地方上先于联邦政府实施了公共艺术支持政策。1959年，费城首先通过《百分比艺术条例》，明确规定所有市政建设，必须提拨1%的经费作为添置艺术品之用，此后，《百分比艺术条例》便像雨后春笋般在美国各地执行，只是百分比的比例有所不同，通常从1%—5%不等。

纽约市的《百分比公共艺术法》规定，原则上公有建筑物的公共艺术预算是建筑物造价的1%，但每一个建筑个案的预算造价若在2 000万美元以内，其公共艺术经费应编列1%，亦即20万美元；而建筑物造价超过2 000万美元以上的部分，则只需编列0.5%的公共艺术预算。每一建筑的公共艺术经费不能超过40万美元。纽约市市政府年公共艺术经费不超过150万美元。

芝加哥市议会在1978年通过《公共艺术条例》，规定市政建筑建设经费的1.33%拨入公共艺术基金，该款项由市文化事务处主管。

美国芝加哥美术馆

《公共艺术条例》对艺术品的征选还作了具体的规定，要求每一个建设方案都要设立由七位成员组成的专门顾问小组并定期开会。这七位专家要有一位是负责工程的市政府官员代表，一位文化事务处职员，一位建筑师，两位艺术家，还要有两位社区代表。定期会议的内容为：第一次是由文化事务处介绍项目；第二次是进行现场勘察；第三次是基于认知，提出自己认为理想的艺术家候选人来参与竞争；第四次则是专门讨论候选人，拿出最后议定的名单上报市公共艺术委员会。如果艺术委员会批准了人选，那么艺术家就开始进入创作；如果主管的两个单位不能达成一致意见，则召开联席会议，直到有结论为止。其后进入具体设计方案的竞争程序。

达拉斯市是美国十大城市之一。1989年4月11日，市议会通过了《公共艺术建设条例》，规定凡市政府公共工程，均要提拨建设总经费的1.5%作为公共艺术基金。用途分配是：1%作为配置公共艺术品及在公共场所安放之用；0.25%作为日后维护和保养公共艺术品之用；0.25%作为公众参与相关的公共艺术活动之用，如参观、展示、讲演、研习班或传布公共艺术的媒体之用。其目的在于引起大众对公共艺术的兴趣。

西雅图市政府除了将公共工程预算的1%用作公共艺术的固定资金以外，同时建立"社区配合基金"用以激励社区自发开展的公共艺术，推动以社区为主要对象的公共艺术计划，使公共艺术在社区公共空间中有效推广。"社区配合基金"通过工时计算，将资金回馈于那些倾注于社区公共艺术计划的人。

美国一些城市还明确规定公共艺术评委任期年限一般不能超过10年。评委应包括建筑师、艺术家、市政工程代表、社区代表，必须公开、公平、公正地选择艺术家及其作品。艺术作品所选用材料的新颖性和加工方式的原创性是评审是否通过该艺术方案的重要参考。对于已安放的公共艺术品，则要通过问卷调查的方式让广大群众对艺术作品的意义和价值进行品评，让艺术作品与公众对话，以便更好地确定公共艺术的地位。

美国大部分地区的"公共艺术百分比制度"在内容上大同小异，其共同点是运作透明公开。在征集艺术稿件过程中，行政长官通常不是最后的决策者，而艺术委员会才是决策者。当然，有些城市的艺术委员会是根据法律程序由主管公共艺术的副市长或市长聘任的，召集人就是市长本人或者是由他委托的管理公共艺术的官员。作为一项系统工程，"公共艺术百分比制度"的执行必须综合考虑资金来源、人文环境、实施机制等基础条件，否则会因某个环节的断裂而导致政策难以落实。

"公共艺术百分比制度"的优点是：政府设置专门的机构并作长期立法的保障，使公共艺术的建设资金有了非常稳定的保证，不会因个别领导人员的去留而产生问题。美国有由总统任命的专管公共艺术事务的公共服务署，它负责公共艺术的建设与维护，效果良好。各州政府也有相应的机构。更为重要的是，这一制度在观念上改变了人们认为公共艺术可有可无的陈旧观念。

美国通过"公共艺术百分比制度"将公共建设经费预算按一定比例投用在艺术上，鼓励艺术家将艺术作品投向社会，使得许多艺术家逐渐走出画室，走向社会。大量的地景艺术与环境艺术作品的不断出现，成为人们生活空间中的一道道靓丽景观。艺术更加贴近大众，正在潜移默化中影响着人们的心性和精神生活。

二、管理观念的更新

世界级的大城市总是能在商业竞争力、全球贸易额、外来投资额等方面获得高分，但从"宜居性"的层面考量，如环境质量、娱乐和休闲等方面，获得高分的却常常是人口密度较低的小城市。虽然文化艺术被认为是一个城市面貌的考量因素而备受重视，但文化政策常偏向经济指标而忽略了艺术对于精神文明的贡献这样的潜在指标。不论是与大众旅游相关的问题还是为了保护一个城市的文化遗产和特色的需要，城市政策制定者都不应单单思考借由公共艺术来提升城市形象或由此带来的财富的积累，而需要考虑文化如何影响生活品质、如何让城市居民健康成长，使公共艺术成为一种社会生产方式。作为"视觉物件"的公共艺术能通过其创意所散发出的美学魅力，成为提高城市及乡镇人文景观的载体。艺术对于日常生活而言，不仅是一种环境美学及其推广方式，也在于通过公众集思广益、协力合作而创造出地方新的、有内涵的人文风貌。

当前，上海城市公共艺术的发展呈现出多元化的态势。文化管理者要尽可能为其发展创造出良好的环境。尽管上海已有城雕委对上海的城市雕塑建设进行统一管理，却尚未形成具有整合性的公共艺术管理机构。国外的艺术委员会模式可以参考，但也有一些需要注意的事项。"艺术委员会模式基于两个原则，分别是'手臂长度'原则和'同僚审查'原则。'手臂长度'原则需要委员会建立一个独立机构，它应该有能力避免政府部门以及来自相关政府组织强加的影响，从而做出独立的决定。从政府的角度来看，这种管理的优点是：如果委员会做出不受欢迎的决定，或者其赞助的项目或活动在社会上被认为是淫秽或令人反感的，那么部长可以声称对此不负责任并免受责备。与此相关的第二原则是'同僚审查'原则：艺术的拨款分配应该由专家来决定。这样，对有争议的艺术提供公共基金支持将是理性的。"[1]与此同时，拨款决定必须考虑"一般正派的标准，尊重不同的信仰和国家人民的价值观"。为了避免申请人的圈子相对较小而彼此熟悉时，可以引入"独立"的个人，例如，来自非艺术领域的官员、社区的代表、私人部门的公司管理人员等，以冲淡同僚的影响。

要加强与国内各城市的交流，积极学习、取经，利用上海的资源优势，协同其他城市共同推进上海城市公共艺术的开展。同时，要与国内外的艺术委员会及艺术文化交流机构等进行合作，需要积极举办国际性的公共艺术展览、论坛、评奖，以提高上海的艺术活动传播能力，并构筑与海外艺术文化团体的网络，了解各国公共艺

---

[1] 戴维·索罗斯比.文化政策经济学[M].易昕,译.大连：东北财经大学出版社,2013：76.

术发展的最新动向，参与全球的对话和讨论。可邀请国外的艺术家来沪参加展览，参加驻地计划，设立国际工作营，将国外的艺术理念、制作工艺技巧等引入上海，同时也将具有上海地方特色的公共艺术项目传播至世界各地，在跨国文化、理念的碰撞与激荡下，摩擦出新的火花。

许多城市政府发起的多项政策和计划皆属妙策，可供上海学习。但是，好创意需要落实而不只是模仿，它不只是对政策的复制，而是要了解并认识到城市之间既相互依赖同时又各自不同的背景。在此基础上根据上海的现实情况和实际发展需要采取行之有效的措施。没有一个城市是唯一的智慧垄断者，唯有共同探讨普遍的问题、积累经验、互相学习，各个城市才能制定出可切实提高居民文化水平的政策。

三、"全民互动"下的公共艺术发展

在乡间，村落发展公共艺术最大的障碍是各种资源的不足与不匹配。在上海，乡村的社区、社群发展依旧显得不甚成熟，多数乡村小镇的再发展及连带的地方重塑工作，需要高度依赖政府资源的扶持。公共艺术实践在乡村的开展需要投入不菲的公共支出。与此同时，公共艺术教育的推广也需要大量的经费支出。当下上海多数国有美术馆都向公众免费开放，本身已经需要承担一笔不小的营运费，如果再加上全面推广公共艺术教育，那又将涉及更多的支出。国有美术馆在政府支持下况且举步维艰，民营美术馆倘若要持续开展公共艺术教育就更难以负荷了。据相关数据显示，截至2018年3月底，上海市共有美术馆82家，其中国有美术馆18家、民营美术馆64家。2017年，上海民营美术馆举办活动1 852场，但每家平均举办数仅30场。大多数教育活动集中在龙美术馆、上海民生现代美术馆、喜玛拉雅美术馆等大馆，大部分中小型民营美术馆受到经费和人力限制，在公共教育活动方面着力不够。

要想公共艺术能够永续发展，无论在繁华都市，还是在偏远乡村，都不应是政府单方面的行为，也不应完全依赖于政府资源的扶持，需要深思的是如何使地方居民自发地寻求改变，去实现改革或发展。要通过政府或专业人士等的资源，让人们有自主开发艺术活动的能力，以逐渐降低对公共资源的依赖程度。因此，进一步完善公共艺术相关的政策措施，建立"全民互动"下的公共艺术发展模式是当务之急。一个公共艺术项目的开展同时包含多个面向，涉及地方政府、民间企业、学校、博物馆等。

就政府部门而言，在现有的政策措施基础上，首要考虑的是使公共艺术经费的获取渠道更多样化，充足的经费来源是开展公共艺术的基础和前提，也是"全民互动"的体现。以英国为例，英国的艺术赞助来源为政府预算、企业捐款、企业赞助、信托基金、彩券收入基金等。企业赞助是一种新颖的募款手法，不同于无偿的捐赠，企业可以利用赞助文艺活动来提高自身的商业利益。英国政府为了鼓励企业赞助也会拨同额或倍数的补助金于同一项目，让活动办得更好，企业获利更高也就更愿意再"投资"。英国的"国家彩券发行处"的四分之一的彩券收入提拨为国家文化活动奖助金。2015—2018年间，英国艺术委员会从国家彩票收入中拨出约7亿英镑用来帮助各地创造艺术和文化体验。此外，可以进一步通过税收制度来鼓励私人捐赠以支持艺术活动。除了现有的税收优惠制度外，还可实行个体艺术家的税收优待、礼品和遗产的税务优待等。

公共艺术是为了让公众获得公平的接触现代艺术的机会而采取的文化政策，亦被认为是一种文化福利。政府必须走在最前面，并且做好监管工作。因为若将艺术完全交由市场，公共艺术可能会成为一种私人产品，如此之下会出现负面的外部效应。私人可能为了追求利益，博取关注，将媚俗的、低级趣味的艺术作公开展示，如此一来，占用了公共空间不说，还会对社会造成不良影响，误导公众，偏离正确的价值观。通过采取各种政策措施，使公共艺术得到社会各界的广泛关注和支持，以"全民互动"的方式促进公共艺术的正向发展方为长久之计。

后 记

书稿终告断落,掩卷思量,此书虽然对上海城市公共艺术发展趋势作了相关研究,要对这一趋势进行分析,就必然涉及上海城市公共艺术的过去与现在,同时也与政策、教育、经济、文化等诸多因素有关。因此,本书结合了上述各因素,作了横向和纵向的对比分析,形成的结论是有理有据的。

公共艺术是服务于公众的艺术。通过阅读此书,我们希望那些对上海城市公共艺术有所了解或不甚了解的读者能知晓其历史沿革和发展过程,那些相关政策的制定者能有所启发,以期使上海城市公共艺术的未来发展更加美好,更加适应经济社会的需要。由于上海城市公共艺术作品数量众多,我们只能尽可能地选取其中有代表性的、共性的作品或现象进行研究,这稍显遗憾。另外,部分作品未查到作者姓名或具体创作年份,也是本书的一个缺憾。

虽然此书的研究对象是上海城市公共艺术,但是行文中穿插了不少国外公共艺术案例或相关政策,因为上海是一个海纳百川的城市,非常善于将外来文化中优良的因素进行吸收、转化和利用。"公共艺术"这一概念源于西方文化土壤,但在西方文化浸润下发展起来的公共艺术现在已经成为全球文化现象,上海理应在借鉴、学习的基础上，产生本土化的发展面貌。值得高兴的是，我们发现上海城市公共艺术在近些年取得了骄人的成果，正在走多元化的发展道路，也在不断贴近公众、走近公众。

  本书从前期的资料准备到实际的撰写，再到后期的修改、润色，得到了多方的支持和帮助。感谢上海大学上海美术学院执行院长汪大伟教授在百忙之中为本书写序，汪大伟教授长期致力于公共艺术研究，其研究成果对我们的研究有着很大的借鉴意义。感谢上海市美术家协会副主席朱国荣先生提出的宝贵想法和提供的相关政策性文件。感谢上海大学上海美术学院杨清泉教授和李超教授，杨清泉教授为我们的研究提供了十分有价值的文献资料和图片资料，李超教授对于本书的写作大纲提出了独到的意见和建议。感谢周娴、黄本亮等老师，他们对本书的修改和完善给予了很多宝贵的意见，同时还要感谢为本书提供精彩照片的研究生们。

何小青
2019 年 5 月 28 日